AF858418

Die Ratschläge unserer Experten werden nach bestem Wissen und Gewissen gegeben, eine Haftung kann jedoch nicht übernommen werden. Sollten Sie befürchten, dass Ihr Heimtier ein gesundheitliches Problem hat, suchen Sie bitte umgehend Ihren Tierarzt auf.

Bibliografische Information der Deutschen Nationalbibliothek
Die Deutsche Nationalbibliothek verzeichnet diese Publikation in der Deutschen Nationalbibliografie; detaillierte bibliografische Daten sind im Internet über http://dnb.dnb.de abrufbar.

Das Werk einschließlich aller seiner Teile ist urheberrechtlich geschützt. Jede Verwertung außerhalb der engen Grenzen des Urheberrechtsgesetzes ist ohne Zustimmung des Verlages unzulässig und strafbar. Das gilt insbesondere für Vervielfältigungen, Übersetzungen, Mikroverfilmungen, die Einspeicherung und Verarbeitung in elektronischen Systemen sowie der nicht authorisierten Veröffentlichung im Internet.

© 2022 Minerva Verlag GmbH & Co. KG
Monschauer Str. 2 | D- 41068 Mönchengladbach
E-Mail: info@minervaverlag.de | Internet: www.minervaverlag.de

1. Auflage 2022
Printed in EU

ISBN 978-3-9815634-8-1

Inhalt

Vorwort

Die 12 Tapings

Über Alina Nierhaus:

Alina Nierhaus ist mit Schäferhunden aufgewachsen und hat ihr Herz an Tiere verloren. Deshalb ist sie seit 2020 zertifizierte Tierphysiotherapeutin und seit 2022 Tierheilpraktikerin. Neben ihrer eigenen Praxis für Hunde und Pferde hat sie über 8 Monate in einer Tierklinik vor allem operierte und alte Hunde therapiert. Jetzt ist sie vermehrt als Autorin unterwegs und unterstützt Zwei- wie Vierbeiner mit ihrem Wissen.

8 kurze Fragen ...

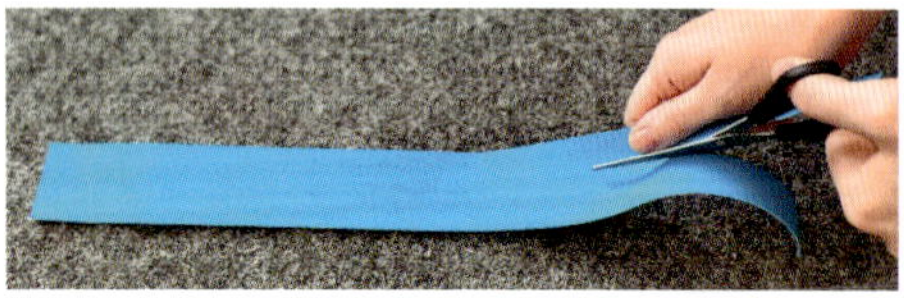

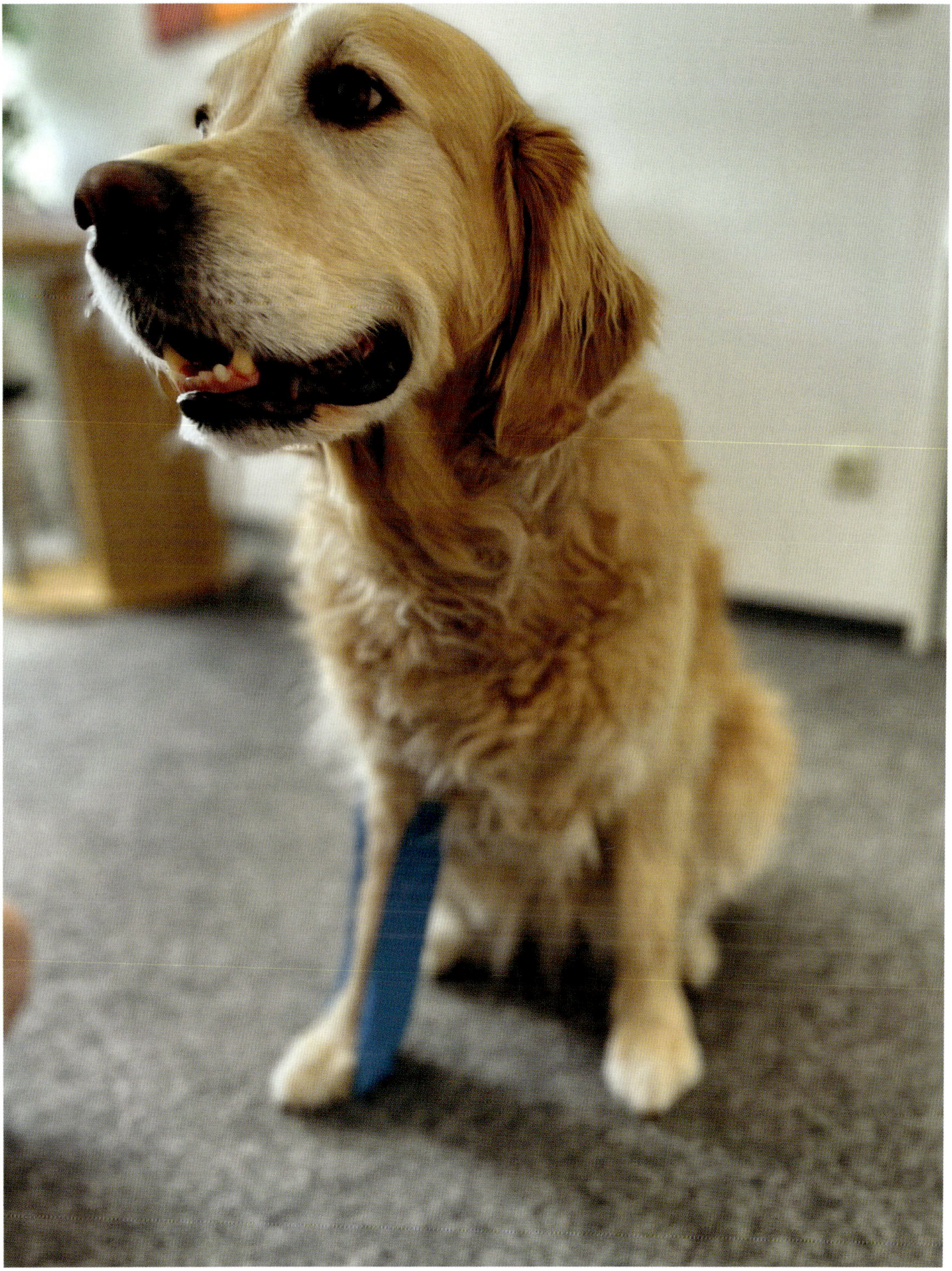

Vorwort

Den eigenen Hund therapieren? Behandlungen unterstützen? Sogar Schmerzen nehmen? Besorgte Hundehalter fragen mich oft, wie sie selbst weiterhelfen können. Hier ist die Lösung: kinesiologische Tapes. Bei Krankheiten des Bewegungsapparates kann jeder mit dem richtigen Taping kräftig zur Heilung beitragen. Taping ist eine einfache und sichere Methode, die jeder Hundemensch zu Hause durchführen kann. Das vielfältige Einsatzgebiet spricht für sich.

Was sind Tapes?

Über die bunten Streifen an Armen und Beinen von Profi-Athleten wundert sich niemand mehr. Sie gehören seit langem zum sportlichen Alltag. Medizinisch sind sie gar nicht mehr wegzudenken. Ich spreche von kinesiologischen Tapes. Ursprünglich kommen sie aus Japan und haben seit den 70ern einen Siegeszug in die ganze restliche Welt angetreten. Heute wenden 80% der Physiotherapiepraxen Medical-Taping an. Doch man sieht nicht nur Menschen mit blauen und pinken Streifen. Auch die Vierbeiner tragen sie. Das war nur eine Frage der Zeit. Aufgrund ihrer einfachen Handhabung und ihrer herausragenden Wirkung sind Tapes bei Menschen und Hunden sehr beliebt. Die Nachfrage nach Kursen steigt. Erfahren Sie jetzt, wie Sie Ihrem Vierbeiner im Alltag selbst helfen können.

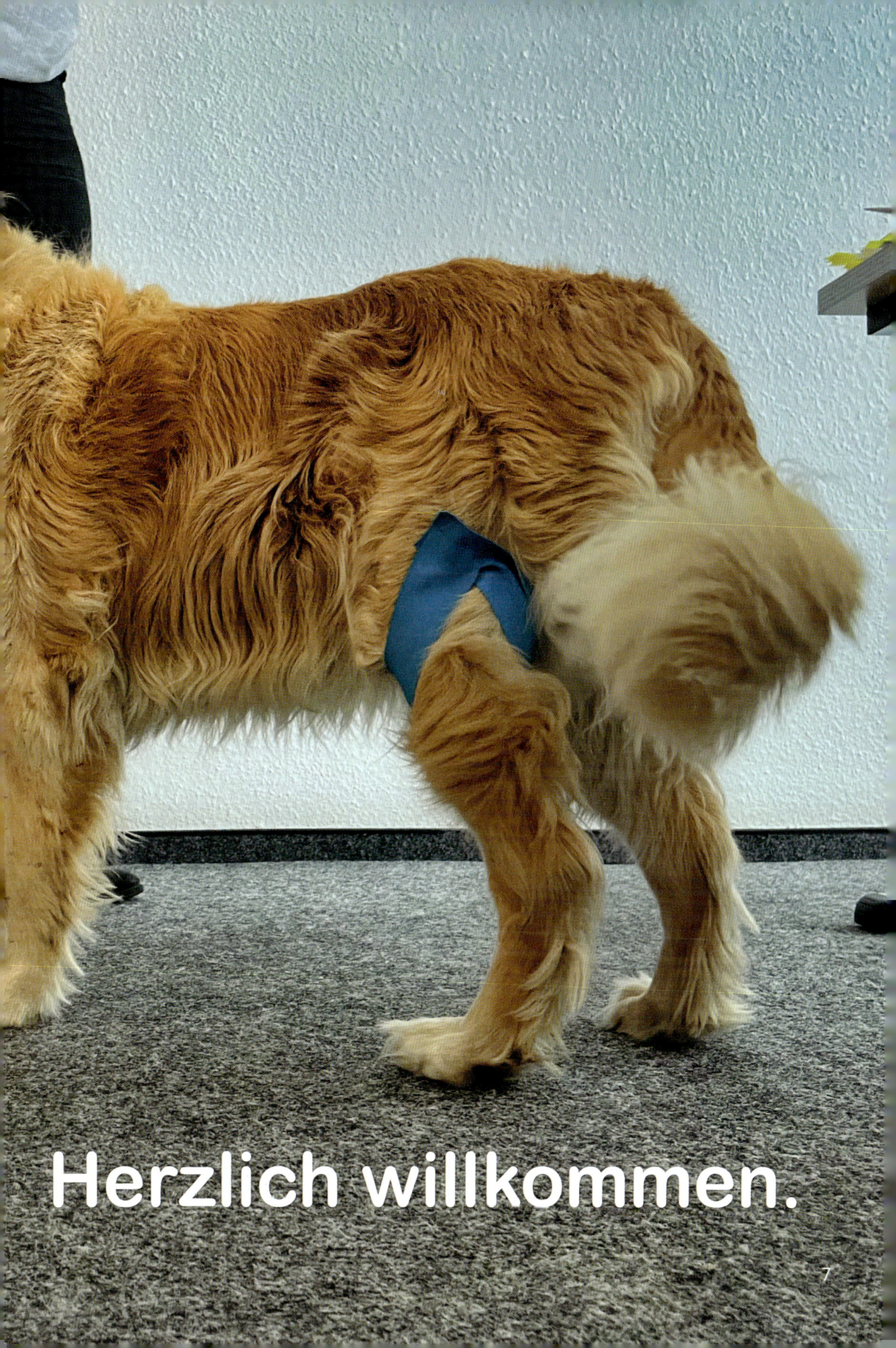

Herzlich willkommen.

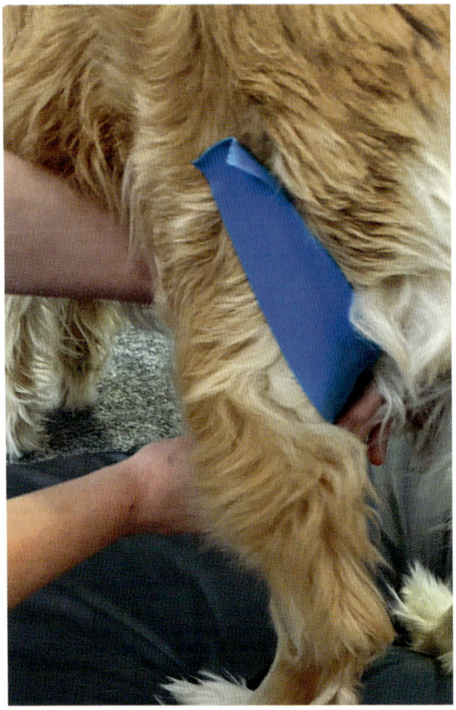

12 verschiedene Anlagen - 12 verschiedene Ziele.

Hier ist für jedes Hunde-Mensch-Team das Passende dabei.

Was heißt „kinesiologisch" überhaupt? Das Wort kommt aus dem Griechischen: Kines = Bewegung, Logos = Wort oder Lehre. Also: „Die Lehre der Bewegung". Wir meinen damit also alles, was die physiotherapeutische Behandlung unterstützt. Die Therapie wird verstärkt und verlängert. Das Ziel? Ein langanhaltender Effekt. Die Kinesio-Tapes sind in der Tat vielseitig einsetzbar und können von Blutergüssen, über Schmerzen, bis hin zu Gelenkinstabilitäten vieles therapieren. Gerade diese Bandbreite macht sie für Physiotherapeuten und Hundehalter so interessant.

Woher stammt die Idee?

Der japanische Chiropraktiker Kenzo Kase stand in den 70er Jahren vor dem Problem, dass seine Behandlung zwar effektiv war, aber der Erfolg nicht lange anhielt. Er suchte nach Möglichkeiten, wie er seinen Patienten zwischen den Behandlungen helfen konnte. Er wollte den Erfolg der Behandlung möglichst lange erhalten. Denn es ist so: Muskeln haben ein Gedächtnis. Waren sie lange in einer Schonhaltung, sorgt das Muskelgedächtnis häufig für Rückfälle. Um es „umzuprogrammieren" nutzte er elastische Pflasterstreifen, sogenannte Tapes, welche die Bewegung unterstützen. Sie sollten für eine Langzeitschulung der Bewegungsabläufe sorgen und in der Tat gelang dies. Aber sie haben auch noch weitere Wirkungen: auf die Lymphe, den Schmerz und die Stabilität.

Übrigens: Die für Hunde verwendeten Tapes sind etwas dicker und stabiler, als die, die für Menschen verwendet werden, weil dies eine gute Haltbarkeit ermöglicht, ohne die Bewegung einzuschränken.

Die 12 besten Anwendungen von Tapeanlagen bei typischen Beschwerdebildern des Hundes

1. Taping: Das Schmerzkreuz

Das Schmerzkreuz besteht aus 3-4 Tapingstreifen und wird zur Schmerzlinderung und Dekompression (=Druckentlastung) eingesetzt.

So geht`s:

Das Tape wird passend zur Größe der Gelenkfläche zurechtgeschnitten. Kleinere Hunde brauchen vielleicht einen schmaleren Streifen, dann kann man das Tape längs halbieren. Dann geht es los. Das unterste Tape wird mit mittlerem Zug aufgeklebt, das darüberliegende zweite Tape mit weniger Zug im rechten Winkel darüber. Sie bilden ein Kreuz. Die letzten beiden werden ohne Zug drüber geklebt. Zum Schluss? Sieht es aus wie ein Stern.

So wirkt`s:

Das Schmerzkreuz hebt das Gewebe an und sorgt so für eine Druckentlastung. Zwischen Ober- und Unterhaut entstehen Freiräume. Die nehmen den Schmerz. Wie? 85% der Schmerzpunkte finden sich auf der Oberhaut. Mit dem Anhebe-Effekt der Tapes kann auch tiefer liegendes Gewerbe erreicht werden. Der so entstehende Freiraum schafft Platz, den der Körper nutzt, um

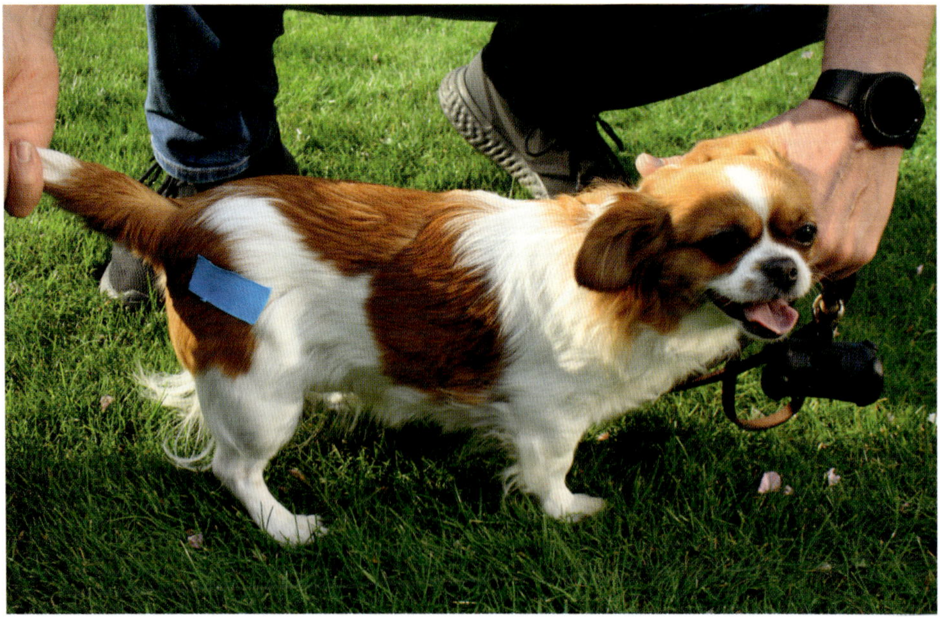

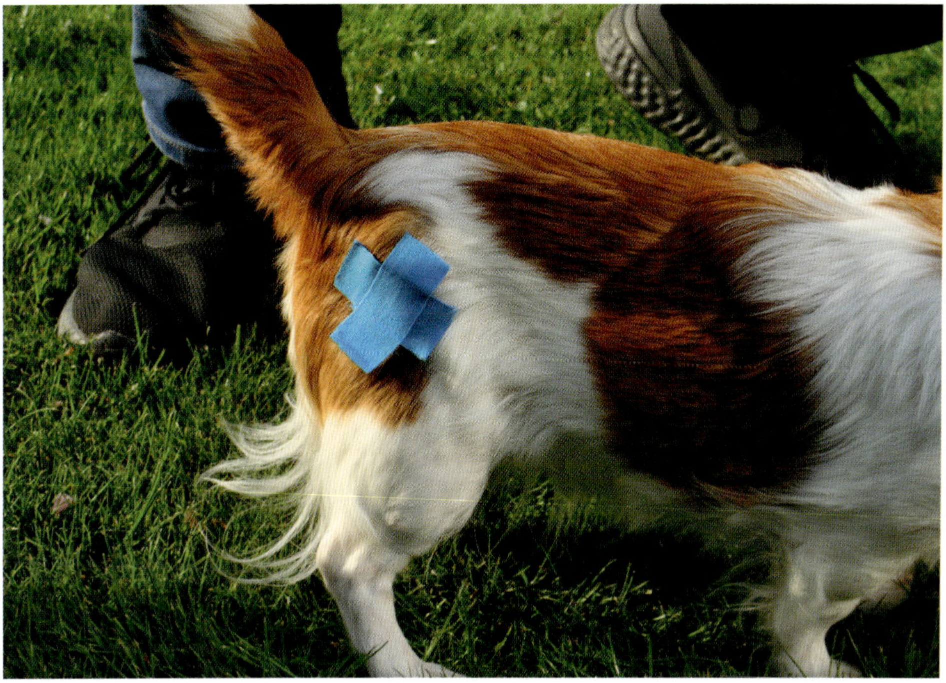

Schmerz- und Entzündungsstoffe schnell abzutransportieren. Die Dekompression wirkt sich auf Entzündungen, Gefäße und verspannte Muskeln aus, da diese mehr Raum einnehmen und auf sogenannte Schmerzrezeptoren drücken. Mit dem Tape wird der Blut- und Lymphfluss verbessert.

Wann Ihr Hund es braucht:

Je nach Erkrankung kann man das Schmerzkreuz an einer anderen Stelle positionieren. Gelenke mit Arthrose können während eines Schubs damit beklebt werden. Das schließt Ellbogen, Karpalgelenk, Sprunggelenk und Lendenwirbelsäule ein. Auch die Fehlstellungen von Gelenken, die mit Schmerzen verbunden sind, können damit therapiert werden. Damit sind ED und HD gemeint. Bei größeren Hunderassen kommt auch das Cauda-Equina-Syndrom häufig als Ursache in Betracht. Dort kann man ebenfalls ein Schmerzkreuz auf dem Rücken platzieren. Sobald Halter den Eindruck haben, ihr Hund lahmt und hat Schmerzen, kann man das Schmerzkreuz auf das Gelenk anbringen. Ein Beispiel: Ihr Hund lahmt und beugt das Knie kaum. Dann klebt man außen auf das Knie ein Schmerzkreuz. Es kann also auch bei einer Prellung und nicht nur bei einer chronischen Erkrankung angewendet werden. Überall dort, wo Schmerzen beteiligt sind. Es sollte mindestens 24 Stunden halten, kann aber auch bis zu einer Woche lang getragen werden. Sollte es sich bis dahin nicht von alleine gelöst haben, kann man es dann entfernen.

2. Taping: Rückenstabilisierung

Ein einzelnes Tape auf dem Rücken sorgt für mehr Stabilität. Das kommt vor allem bei Spondylose oder Arthrose an der Wirbelsäule zum Einsatz.

So geht`s:

Man klebt es von der Höhe des Schulterblatts bis zur Hüfte direkt auf die Wirbelsäule. Idealerweise fängt man in der Mitte an und klebt dann in beide Richtungen gleichzeitig vom Zentrum weg. Dabei sollte fast kein Zug auf dem Tape sein. Minimal reicht schon, um eine große Wirkung zu erzeugen. Zu viel Zug wird von Hunden als unangenehm empfunden. Vor allem der Anfang und das Ende sollten möglichst ohne Spannung aufgebracht werden. Das Mittelstück kann mit einer Spannung von 10-20 % geklebt werden.

So wirkt`s:

Es unterstützt die Wirbelsäule in ihrer Funktion und stabilisiert in dem Bereich, in dem der Körper Unterstützung braucht. Die Wirbelsäule besteht aus vielen kleinen Gelenken, in denen sich Instabilitäten bilden können. Entweder die Muskulatur ist nicht stark genug oder die Last ist zu groß. Manche Hunde, die Probleme im Rücken haben, haben das Fell unter dem Streifen aufgestellt. Warum? Das kann als Hinweis dienen, dass man die passende Stelle getroffen hat. Das Tape stabilisiert den Rücken und entlastet Wirbelgelenke. Meine Empfehlung? Immer über die ganze Länge des Rückens tapen. So bezieht man die Biomechanik mit ein. Der Bewegungsablauf wird verbessert und Blockierungen gelöst. Es sollte bei Bedarf 2-5 Tage halten. Löst es sich von alleine, kann man es ganz entfernen.

Wann Ihr Hund es braucht:

Dieses Stabilitätstape wird zur Unterstützung der Wirbelsäule eingesetzt. Wann? Immer dann, wenn Instabilität oder eine Erkrankung der Wirbelsäule vorliegt. Vor allem eignet es sich bei chronischen Erkrankungen wie Spondylose oder Arthrose der Wirbel. Auch wenn der Rücken zu schwache Muskeln hat, hilft das Tape, die Wirbelsäule stabil zu halten. Vor allem Hunde, die auf Grund ihrer Genetik einen schwachen oder sehr langen Rücken haben, brauchen diese Anlage häufig. Neigt ein Hund zu Blockaden im Rücken, eignet sich diese Anlage ebenfalls. Ursachen dafür können falsche Bewegungen oder Übergewicht sein. Genauso brauchen Hunde mit schwachem Bindegewebe Unterstützung der Gelenkstrukturen. Das kann man wiederholen, sobald vermehrte Symptome wieder auftauchen.

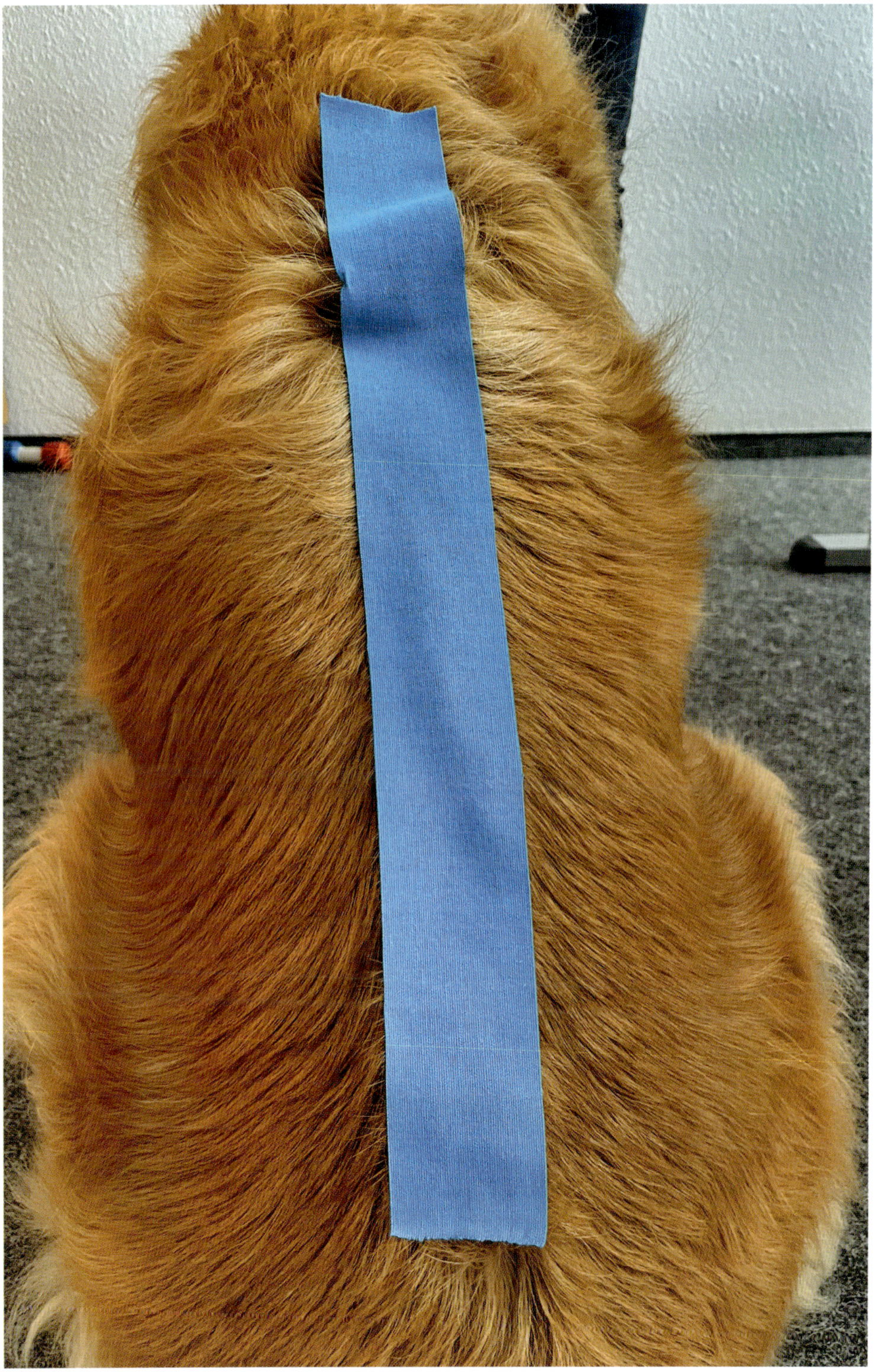

3. Taping: Körperwahrnehmung stärken – die Propriozeption

Das Tape lenkt den Fokus der Körperwahrnehmung der Hunde auf den geklebten Bereich. Bei schwächeren Gliedmaßen oder Störungen der Wahrnehmung kann dieses Tape weiterhelfen. Große Hunde haben übrigens fast immer ein Problem damit, die Hinterbeine richtig wahrzunehmen. Deshalb agieren sie oft tapsig und unbeholfen. Mit diesem Taping werden sie gewandter und lernen, ihre Hinterbeine bewusster zu positionieren. Auch für Sporthunde geeignet, die mit den Hinterbeinen die Hürde reißen.

So geht`s:

Das Bein wird zuerst abgemessen und das Band passend abgeschnitten. Danach schneidet man der Länge nach 4 Streifen hinein. Zum Schluss lässt man das letzte Stück jedoch unverändert. Dieser bildet die Basis. Man klebt diese zuerst etwas oberhalb des Beines an. Also direkt auf die Hüfte oder das Schulterblatt. Von dort aus wickelt man die vier Streifen einzeln in Spiralen um das Hundebein. Es sollte am Ende aussehen wie eine Netzstrumpfhose. Um sich nicht zu verheddern oder falsch zu kleben, löst man immer nur ein kleines Stück der Schutzfolie ab. Mit Zug? Nein, dabei sollte keine Spannung auf das Tape gebracht werden, da wir keinen Effekt im Gewebe wollen, sondern nur die Aufmerksamkeit dahin lenken wollen.

So wirkt`s:

Propriozeption (= Körperwahrnehmung) ist in den Beinen am häufigsten gestört. Das Bewusstsein wird mit einem Tape auf diesen Bereich gelenkt und

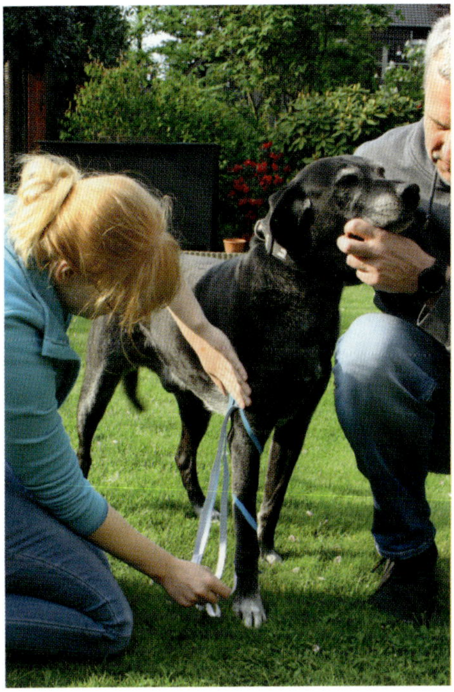

fördert die Wahrnehmung des Körpers im Raum. Das Tape spricht sogenannte Rezeptoren in Muskeln, Gelenken und Sehnen an. Der Bereich steht im Fokus der Aufmerksamkeit. Das Band fördert die Tiefensensibilität und Oberflächensensibilität. Wie? Etwa 60% der Rezeptoren, die für die Eigenwahrnehmung verantwortlich sind, liegen direkt in der Unterhautfaszie. Es ist wichtig, dass die Streifen die gesamte Gliedmaße umfassen.

Wann Ihr Hund es braucht:

Immer dann, wenn er mit den Hinterbeinen schleift. Das hört man beim Spazierengehen. Aber auch bei vielen verschiedenen anderen Schwächen und Problemen der Extremitäten wird das Tape angewendet. Gerade nach Band scheibenvorfällen und -operationen ist die Wahrnehmung der Hinterhand gestört, da die Nerven die Muskeln nicht gut ansteuern können. Das ist eine Folge des Drucks der Bandscheibe auf die Nervenbahnen, die durch die Wirbelsäule verlaufen. Oft ist eine Seite stärker betroffen als die andere. Auf der schwächeren Seite kann man das Tape gut nutzen, um dem Hund zu helfen, die Reizweiterleitung wieder zu schulen. Der Fokus liegt dann auf diesem Bein und die Muskeln werden gefördert und der Gang normalisiert sich. Auch bei allgemeinen Nervenschäden kann der Hund oft ein Bein weniger gut ansteuern und braucht Unterstützung. Ebenso ist das Tape nach längerer Schonzeit eines Beins oder bei Muskelschwäche nützlich. Übrigens: Eine Muskelschwäche erkennt man häufig am Zehenschleifen und man sollte ein Auge darauf haben. Das gilt besonders nach einem Bandscheibenvorfall oder im Alter. Der Fokus fördert den richtigen Gang und das Heben das Beins. Nach ein paar Tagen kann das Tape wieder gelöst werden.

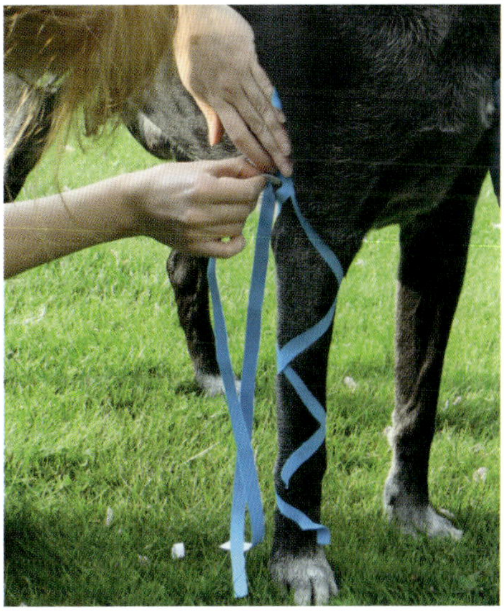

4. Taping: Gelenkunterstützung

Das kinesiologische Tape unterstützt Gelenke wie das Knie oder den Ellenbogen. Es sorgt sowohl für Achtsamkeit als auch für Stabilität.

So geht`s:

Das Tape umschlingt das Gelenk und bildet eine Art Aufhängung. Zuerst wird das Ende außen kurz über dem Gelenk angebracht. Für das Knie wird auf Höhe des Oberschenkels angesetzt und für den Ellbogen auf Höhe des Oberarms. Dabei hat es einen ca. 45° Winkel schräg nach unten. Dann wird die Mitte des Tapes auf der Rückseite des Gelenks kurz darunter angebracht und das Ende wird schräg nach oben zurückgeführt. Das Ende kreuzt den Anfang wieder. Beide Enden sind nun nach oben ausgerichtet. Das Tape wird mit mittelgradigem Zug aufgebracht. Am besten steht dein Hund dabei. Für den Anfang rate ich dazu, eine zweite Person zur Unterstützung dazu zuholen.

So wirkt`s:

Das Tape bietet Spannung und Stabilität für das getapte Gelenk. Dadurch findet eine Aufhängung statt. Außerdem wird der Fokus mittels der Propriozep-

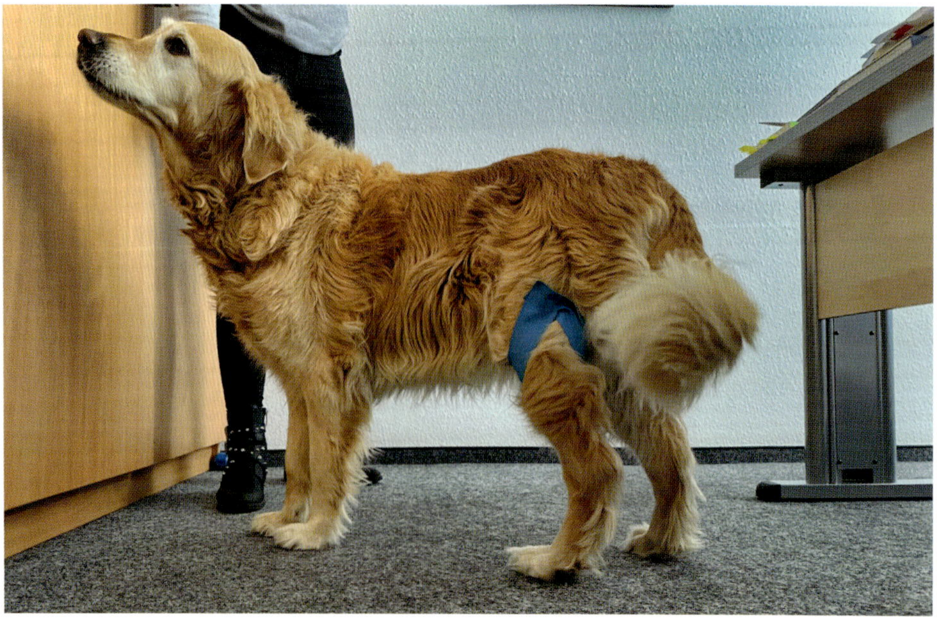

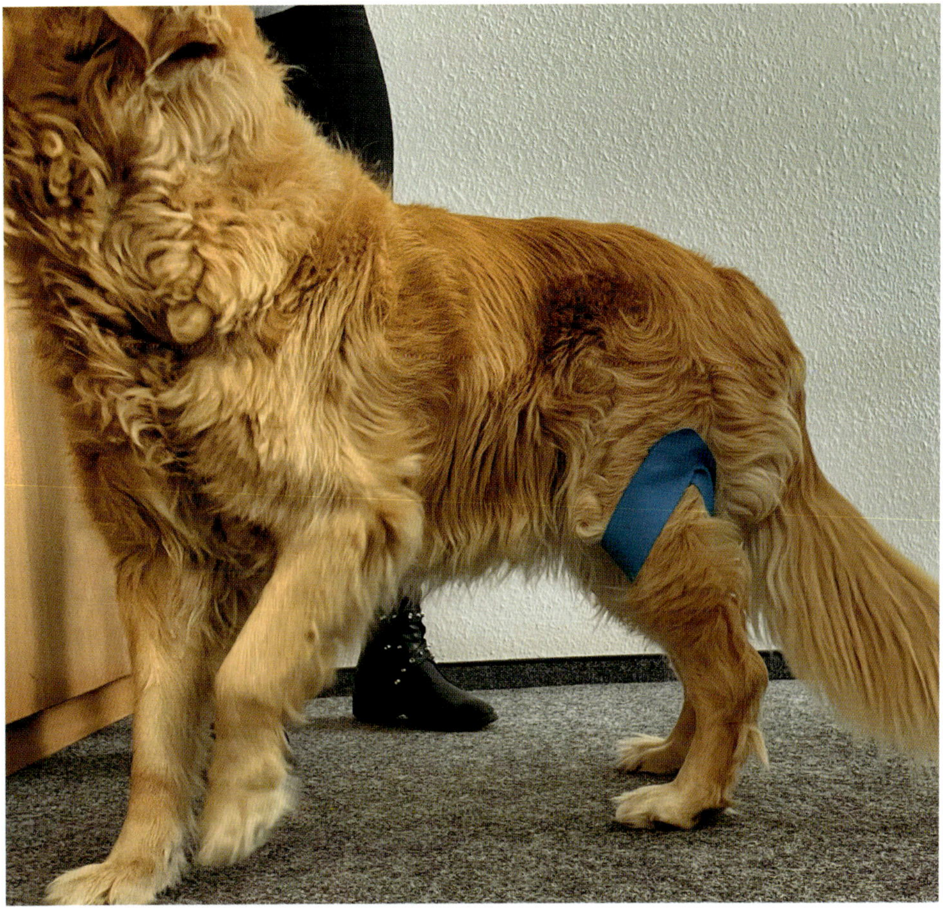

toren in der Haut auf diesen Bereich gelenkt, sodass der Hund stabiler wird. Das Tape unterstützt im Bereich des Gelenkspalts und fördert den Halt des Gelenks. Im Idealfall hält das Tape 7-10 Tage, sollte aber mindestens 24 Stunden auf dem Gelenk haften bleiben. Zusätzlich bietet es dem Hund mental mehr Sicherheit und so ein besseres Gangbild.

Wann Ihr Hund es braucht:

Ellbogen und Knie sind für diese Tapeschlinge besonders geeignet. Bei Erkrankungen, die der Stabilität dieser Gelenke schaden, wird es oft benutzt. Dazu gehört auch ED, da der Gelenkkopf, der nicht in die Gelenkpfanne passt, Instabilität erzeugt. Und? Knieinstabilität, z.B. Patellaluxation und Sehnenverletzungen benötigen ebenfalls mehr Stabilität und Spannung. Die wichtigste Aufgabe ist das Gelenk zu stabilisieren und kann bei jeder Erkrankung oder Verletzung genutzt werden, die zu einer Schwächung führt. Nach einer Überlastung kann es eine benötigte Erholungspause darstellen und die Strukturen entspannen sich.

5. Taping: Sehnenentlastung

Sehnenverletzungen oder Durchtrittigkeit können u.a. mit diesem Tape in ihrer Heilung unterstützt werden. Entlastung und Stabilität sind die beiden Hauptaufgaben.

So geht`s:

Das Tape wird entweder auf der Vorder- oder Rückseite des Beins angebracht. Warum? Das hängt davon ab, ob die Beuge- oder Strecksehne unterstützt werden soll. Für die Bizepssehne an der Vorhand wird das Tape von vorne aufgebracht. Bei der Beugesehne wird das Tape von hinten angebracht. Dabei wird zuerst körpernah aufgeklebt und dann mit etwa 10%igen Zug in Richtung Pfote weitergeführt. Anfang und Ende sollten spannungsfrei aufgeklebt werden.

So wirkt`s:

Es unterstützt die Kontraktionsfähigkeit (=Fähigkeit zur Verkürzung) der Sehne und sorgt für mehr Platz im Gewebe, sodass der Druck und der Schmerz reduziert werden. Es entlastet die überdehnten Fasern und unterstützt so die Heilung. Die Anlage wirkt einer Überdehnung entgegen und unterstützt den zur Sehne gehörenden Muskel ebenfalls. Die Wirkung ist also entgegengesetzt der Kleberichtung. Durch den Platz, der im Gewebe entsteht, können Blut und Lymphflüssigkeit besser fließen. So werden Schmerz- und Schlackstoffe schnell abtransportiert. Die Dauer sollte 2-3 Tage umfassen.

Wann Ihr Hund es braucht:

Mit dieser Anlage des Tapes kann man überdehnten Sehnen helfen, zu regenerieren, und die Reha-Phase begleiten. Auch wenn der Hund durchtrittig ist,

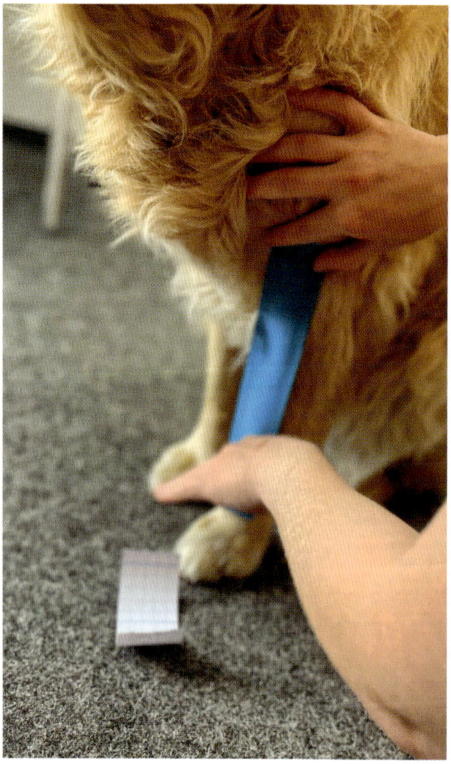

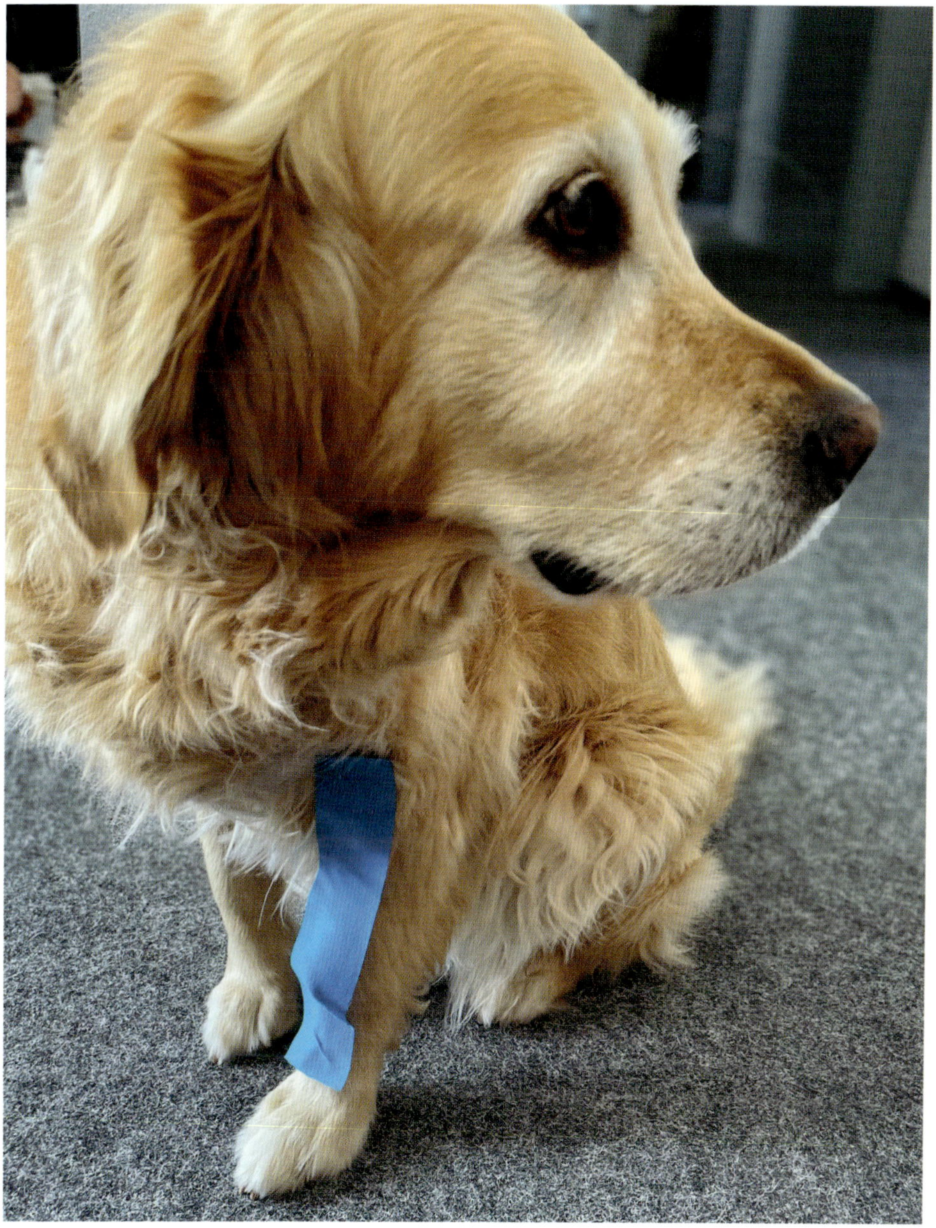

also eine Hyperextension der Sehne vorliegt, hilft das Tape bei der Kontraktion und verbessert den Stand. Außerdem hilft es bei Sehnenabriss, was gelegentlich an der Bizepssehne der Vorderläufe passiert. Der Muskel wird meist in das Tape miteinbezogen, da jede Sehne zu einem Muskel gehört und diese zusammen arbeiten. Auch Sehnenzerrungen werden in der Heilungsphase mit diesem Tape unterstützt.

6. Taping: Rückenschmerzen

Das Tape auf der Rückenmuskulatur löst Verspannungen und damit verbundene Schmerzen. Zwei schmale Tapes werden dazu neben der Wirbelsäule aufgebracht.

So geht`s:

Das Tape wird auf Höhe der Schulter rechts und links neben der Wirbelsäule aufgeklebt. Mit minimalem Zug bringt man es weiter bis zur Hüfte an. Dabei sollte der Rücken im Idealfall nach oben gebogen oder aufgewölbt sein. Wozu? Um den größtmöglichen Effekt zu erzielen. Wenn der Hund das Tape trägt, können sich so Wellen in der Haut bilden und der Anhebe-Effekt wird vergrößert. Löst sich ein Band, sollte das andere direkt mit entfernt werden, um keine einseitige Belastung hervorzubringen.

Zur Aktivierung der Muskeln werden die beiden Tapes genau andersherum angebracht - von hinten nach vorne. Zuerst klebt man neben der Hüfte und führt das Band dann nach vorne zur Schulter.

Zur Entspannung der einen und Aktivierung der anderen Seite wird das eine von Kopf Richtung Rute geklebt und das andere von der Rute Richtung Kopf.

So wirkt`s:

Das Tape sorgt für eine Entspannung und Dehnung der Rückenmuskeln. Der Anhebe-Effekt eines Tapes bietet mehr Raum zwischen der Haut und den Muskeln. Sich vielleicht bildende Wellen verstärken dies noch. Oft führen Verhärtungen und Verspannungen im Rücken zu Schmerzen. Durch eine Lockerung der Muskeln wird auch der Schmerz verschwinden. Eine verbesserte Durchblutung und guter Lymphabfluss entfernen Schlack- und Schmerzstoffe. Das Tape hält mehrere Tage und

kann bei Bedarf jederzeit wiederholt werden.
Bei der Aktivierung werden die Muskeln in Vorspannung gebracht, sodass ein schneller Muskelaufbau angeregt wird. Die Muskulatur ist „in Bereitschaft".

Wann Ihr Hund es braucht:

Der Gebrauch ist äußerst vielfältig. Der Rücken kann entspannt und schmerzbefreit werden. Verspannungen können schon nach 20 Minuten Autofahrt entstehen. Oder es liegt eine Erkrankung der Wirbelsäule vor, wie Spondylose. Der Rücken verspannt schnell. Die Muskeln können auch aktiviert werden oder sogar beides. Dazu wird die Tapinganlage ein wenig verändert und kann so den Muskelaufbau fördern. Mit ein paar Anpassungen ist somit statt einer Entspannung der Muskulatur auch eine Aktivierung möglich. Wann? Gerade für Muskelatrophie oder Rückenschwäche ist das ein guter Start und kann den Prozess unterstützen. Oder eine Seite wird aktiviert, während die andere entspannt. So kann man auch einer einseitigen Belastung oder Schiefe eines Hundes entgegenwirken. Schonhaltungen können nach Verletzungen oder Operationen aufkommen. Um Langzeitfolgen oder sogar Schäden zu vermeiden, sollten diese schnellstmöglich behandelt werden. Das Tape kann ein paar Tage auf dem Rücken bleiben, sollte aber innerhalb einer Woche wieder gelöst werden.

7. Taping: Lymphfluss

Lymphbahnen durchziehen den ganzen Körper und transportieren Stoffe. Manchmal kommt es zu einer Stauung der Lymphflüssigkeit, bei der dieses Tape helfen kann.

So geht`s:

Das Tape wird längs in 4 Streifen geschnitten. Wichtig: Dabei lässt man das letzte Stück als Verbindung und Basis aus. Es reicht, wenn diese 3-4 Finger breit ist. Die Basis wird dann auf den Oberschenkelkopf oder auf das Schulterblatt geklebt. Die 4 Streifen werden von dort aus außen am Bein in leichten Wellen in Richtung Pfoten angebracht. Diese Streifen sollten einen etwa 10 % Zug beim Aufkleben haben und die Schwellung bedecken.

So wirkt`s:

Durch den Anhebe-Effekt wird Platz im Gewerbe geschafft. Das Tape sorgt dafür, dass die Lymphflüssigkeit entgegengesetzt der Kleberichtung abfließt. Die Schwellung unter den Streifen wird in Richtung der Basis abgeleitet, wo sich der Lymphknoten befindet und sich die Flüssigkeit im Körper verteilt. Und? Der Lymphkreislauf wird wiederhergestellt. Ähnlich wie Finger, die die Flüssigkeit absaugen, wird die Schwellung kleiner. Das unangenehme bis schmerzhafte Gefühl verschwindet.

Wann Ihr Hund es braucht:

Das Tape wird bei gestauter Lymphe genutzt. Äußerlich ist eine weiche Schwellung zu sehen. Ursache dafür können eine Wunde, wie ein Schnitt, oder Operation, z.B. am Bein, sein. Aber auch Entzündung von Haut und Gelenken, sowie Insektenstiche können eine Überlastung des Lymphsystems verursachen. Neben einer Lymphdrainage hilft es beim Abtransport und sollte in Kombination gemacht werden. Das Tape sollte nicht zu lange auf dem Körper bleiben. Meist reichen 24-36 Stunden bereits aus und man kann es wieder ablösen.

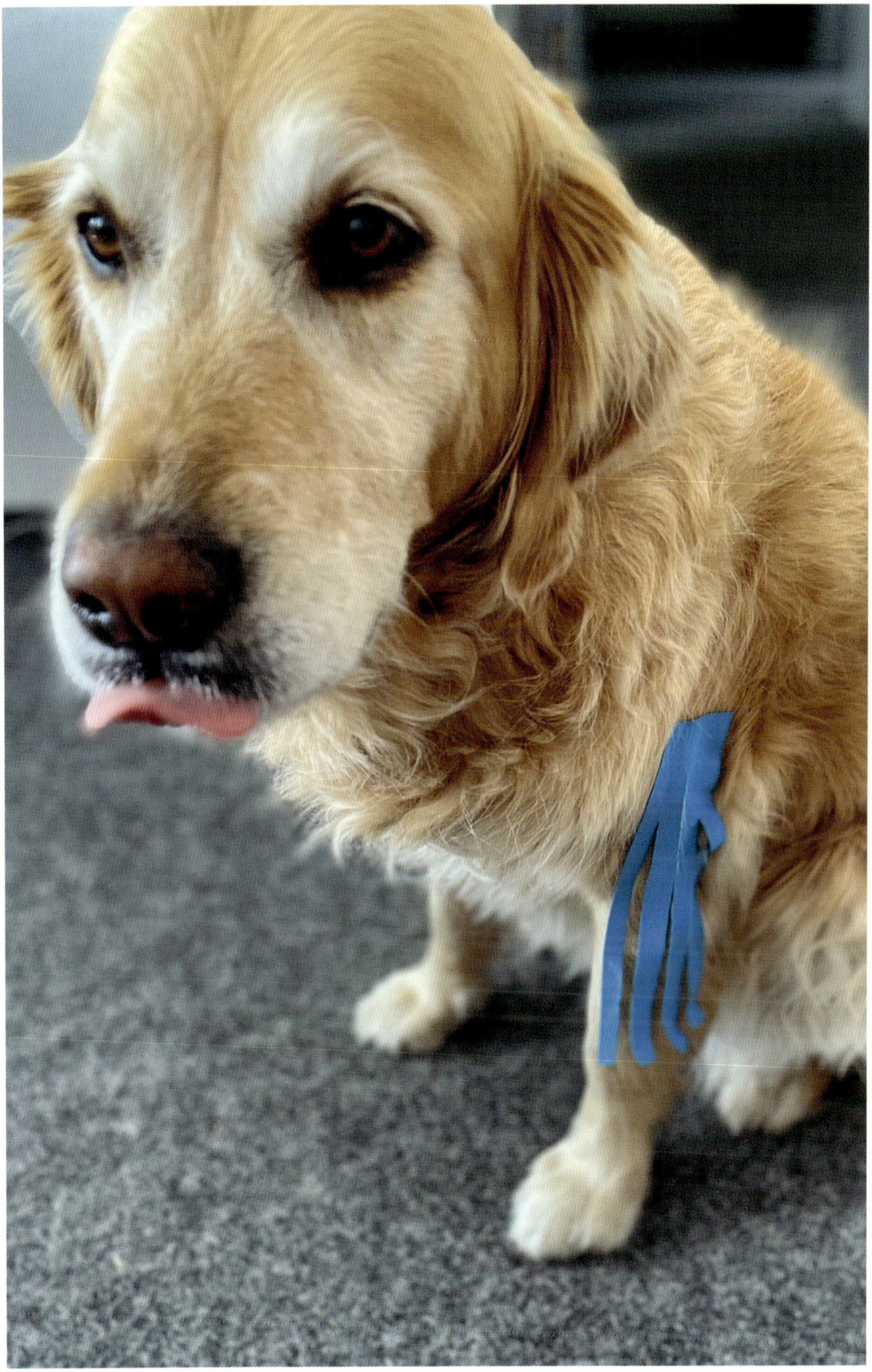

8. Taping: Hämatom

Ein Bluterguss sammelt sich im Gewebe und drückt auf Nerven und Schmerzrezeptoren. Um das Gewebe schnell zu reinigen und den Schmerz zu lindern, nutzt man ein Hämatomtape.

So geht`s:

Wie bereits schon häufiger schneiden wir ein Tape in 4 Streifen, wobei eine Basis unangetastet gelassen wird. Es sollte etwas größer sein als die Fläche des Hämatoms. Die Basis des Tapes wird außerhalb des Blutergusses aufgeklebt und die 4 Streifen überspannen ihn. Der Zug der Streifen sollte minimal sein, während die Basis spannungsfrei bleibt. Gerne kann man mehrere schräg übereinander anbringen. Das Tape ist hier deutlich kleiner als bei der Propriozeption und der Lymphe.

TIPP: Zuerst die beiden äußeren Streifen außen am Hämatom ankleben. Warum? So ist man sicher, den ganzen Bluterguss zu erfassen.

So wirkt`s:

Man kann es in der Wirkung mit dem Lymphtaping vergleichen. Das Tape schafft Raum im Gewebe und sorgt so für Platz, den der Körper zum Abtransport nutzen kann. Die Flüssigkeit wird vom Körper zersetzt und mit dem Blut-

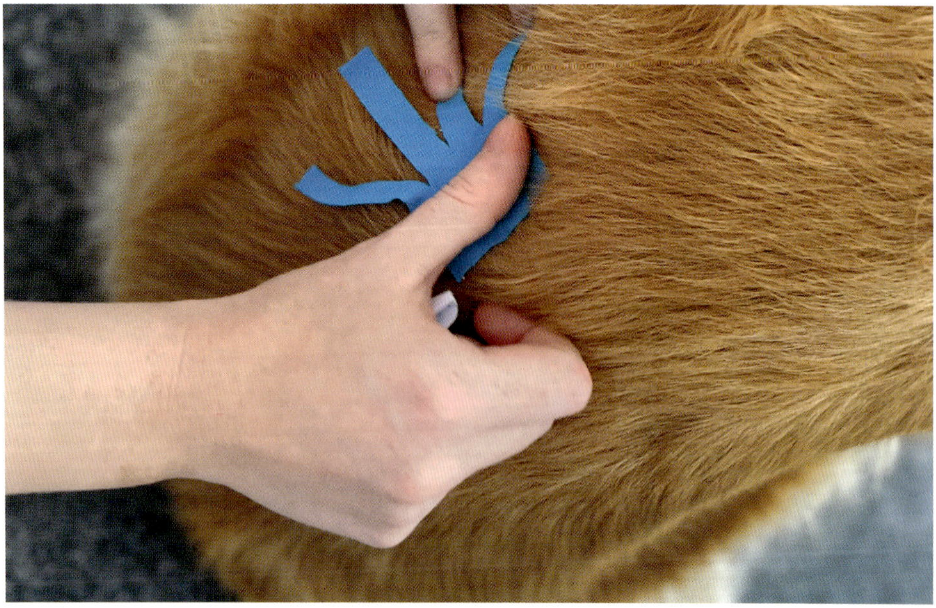

und dem Lymphsystem anschließend abtransportiert. Auch hier in Richtung Basis.

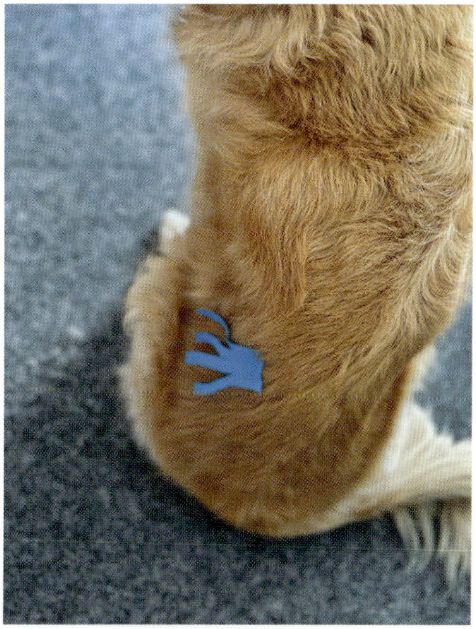

Wann Ihr Hund es braucht:

Der Name verrät bereits, wann genau dieses Tape genutzt wird. Bei Blutergüssen, sogenannten Hämatomen, wird dieses Tape zur schnellen Abheilung eingesetzt. Dabei ist es egal, ob am Rücken, der Hüfte oder der Schulter. Nach 2-4 Tagen sollte das Tape entfernt werden, wenn es vorher nicht von alleine abgefallen ist.

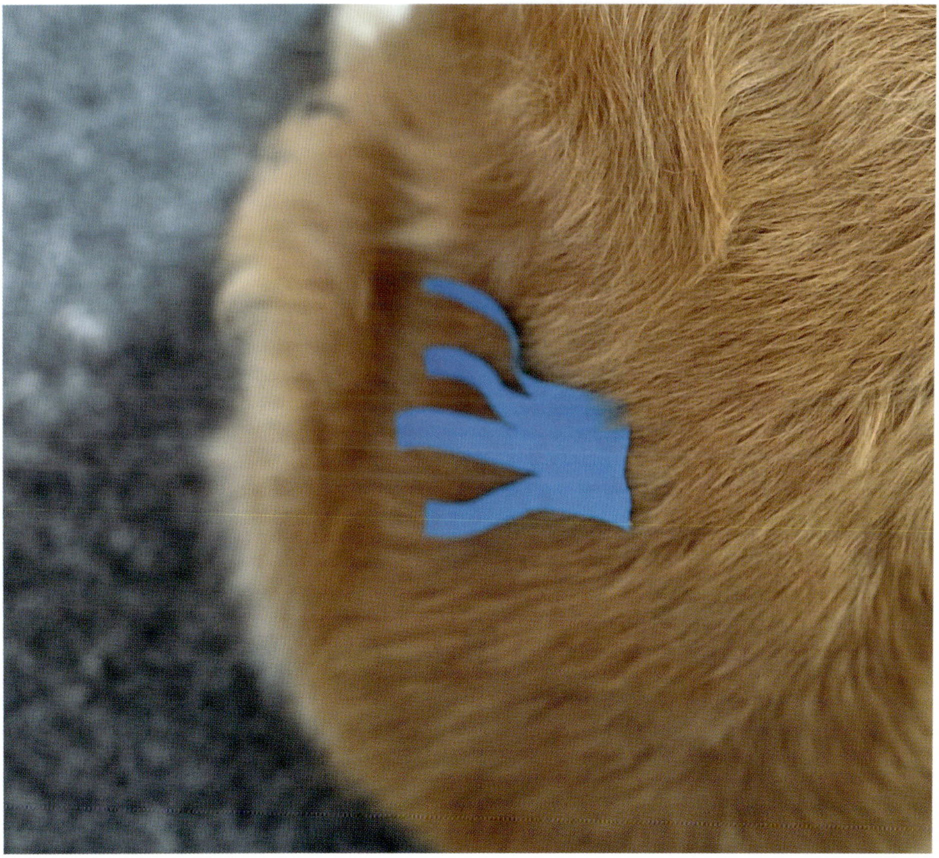

9. Taping: Narbentaping

Wie der Name sagt, wird dieses Tape auf Narben angewandt. Es soll die korrekte Abheilung unterstützen und das Gewebe elastisch halten. An größeren Narben ist es leichter anzubringen.

So geht`s:

Je nach Größe der Narbe braucht man unterschiedlich viele kleine Streifen Tape. Das erste Tape wird im 45° Winkel links außen auf die Narbe geklebt. Das Zweite kommt wie ein X dadrüber. Und weiter? Die anderen folgen parallel und bilden immer wieder ein X. Das 3. ist parallel zum 1. und das 4. zum 2. So wandert man die ganze Länge der Narbe entlang nach rechts. Dabei wird ein minimaler Zug auf das Tape gebracht. Jeder Streifen wird zuerst in der Mitte auf der Narbe aufgeklebt und dann erst außen.

So wirkt`s:

Das Gewebe um die Narbe wird elastisch gehalten und soll Wucherungen verhindern. Wie? Es unterstützt die Regeneration von narbigem Bindegewebe und unelastischen Fasern. Kurz: Die Narbe bleibt geschmeidig und beweglich. Verbessert wird die Wirkung mit einer Narbenbehandlung z.B. von einem Physiotherapeuten. Aber man kann sich auch selbst zeigen lassen, wie es geht. Dann kann man den Hund zu Hause selbst versorgen. Wichtig ist eins: Die Haut beweglich und verschiebbar zu halten.

Wann Ihr Hund es braucht:

Das Tape kommt auf Narben zum Einsatz, wo sich die Haut schon geschlossen hat und die Fäden bereits entfernt wurden. Dabei ist es egal, ob es sich um eine Schnittverletzung oder eine Operationsnarbe handelt. Die perfekte Ergänzung erfolgt über Narbenmassagen. Auch bei schon älteren Narben kann dieses Tape verwendet werden. Um dieses Gewebe zu beeinflussen, muss man Geduld mitbringen, denn eine solche Therapie kann sich ein paar Wochen hinziehen. Dabei muss man jede Woche das Tape wieder neu aufbringen.

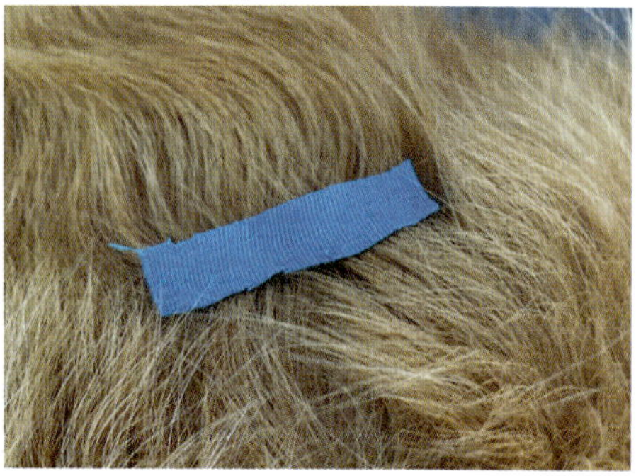

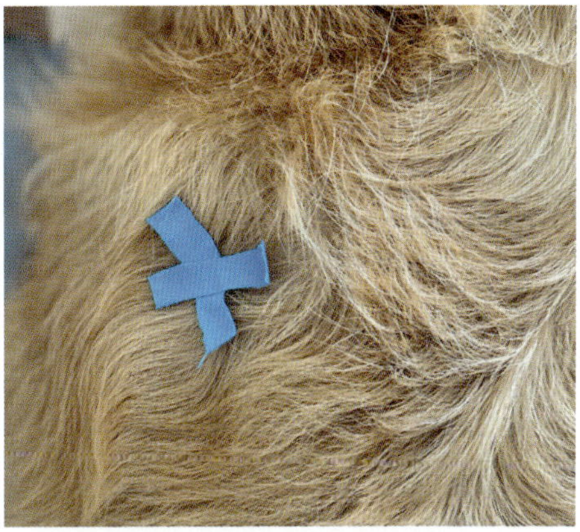
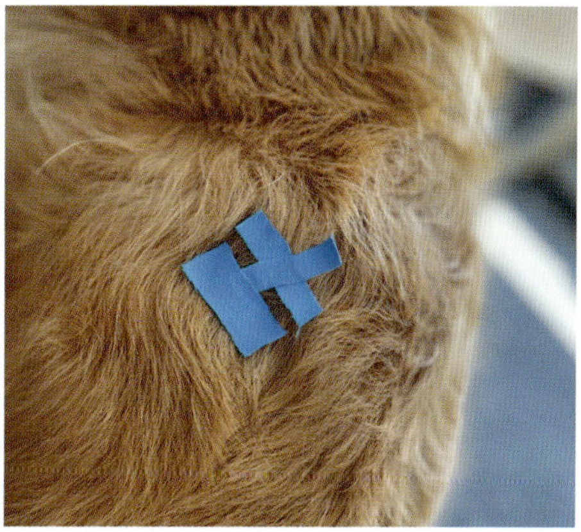
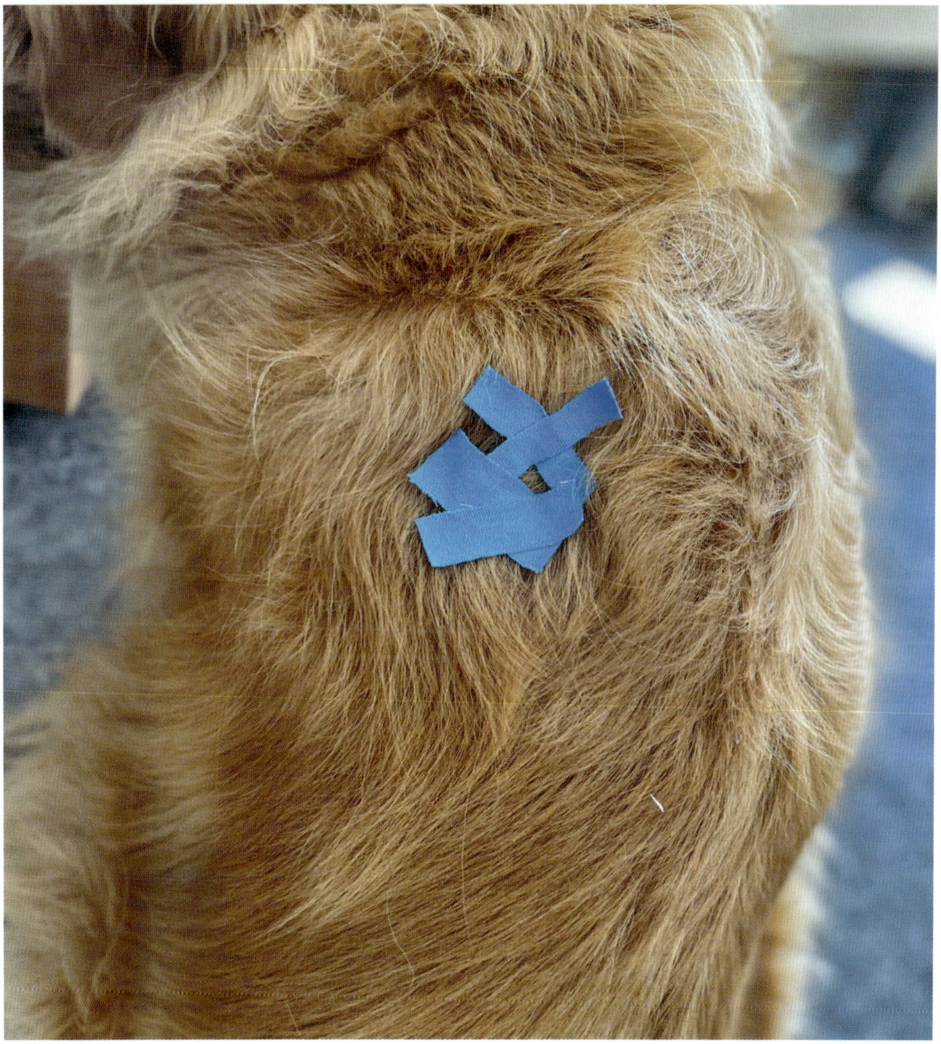

10. Taping: Stabilisierung Kreuzdarmbein

Das ISG oder Kreuzdarmbein profitiert oft von einem stabilisierenden Tape. Verrenkungen, Stürze, Blockaden und Cauda-Equina-Syndrom können mit diesem Tape therapiert werden.

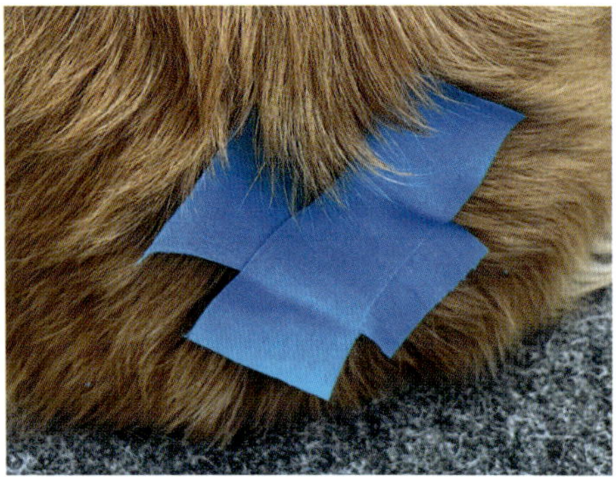

So geht`s:

Man benötigt 4 Tapes. Die ersten beiden werden in einem X so auf das Iliosakralgelenk geklebt, sodass die Mitte genau über dem Gelenk liegt. Dabei wird leichter bis mittelgradiger Zug auf die Tapes gelegt. Die letzten beiden werden auf die Kreuzdarmbein-Gelenke geklebt, die rechts und links neben dem ISG sind. Sie rahmen das X ein. Auch hier wird die Mitte der Tapestreifen zuerst aufgeklebt und dann nach außen weitergeführt. Die Spannung kann bis zum Ende der Tapes aufrecht erhalten werden, um so Stabilität zu geben.

So wirkt`s:

Durch die Spannung im Tape wird dem Gelenk Stabilität gegeben. Das X wirkt auf das ISG, während die äußeren Streifen das Kreuzdarmbein stabilisieren. Das wirkt sowohl auf die Wirbel als auch auf die Gelenkspalten. Den Schmerzen und der Verengung von Nervenbahnen wird mit dem X entgegengewirkt. Es wird Platz geschaffen. Im Gelenk sorgt die zusätzliche Stabilität dafür, dass der Druck auf die Bänder, die das Gelenk zusammenhalten, sinkt.

Wann Ihr Hund es braucht:

Hunde brauchen dieses Tape oft, wenn sie an Cauda-Equina leiden, um trotz ihrer Schwäche in der LWS Stabilität aufzubauen. Aber auch nach einem Sturz mit einer Verrenkung oder einer Blockade ist die Spannung sowie die Stabilität des Tapes angenehm für den Hund. Es passiert schnell, dass sich ein Hund im wilden Spiel übernimmt. Wie lange? Es kann problemlos mehrere Tage getragen werden. Fängt es an, sich zu lösen, sollte man es ganz entfernen.

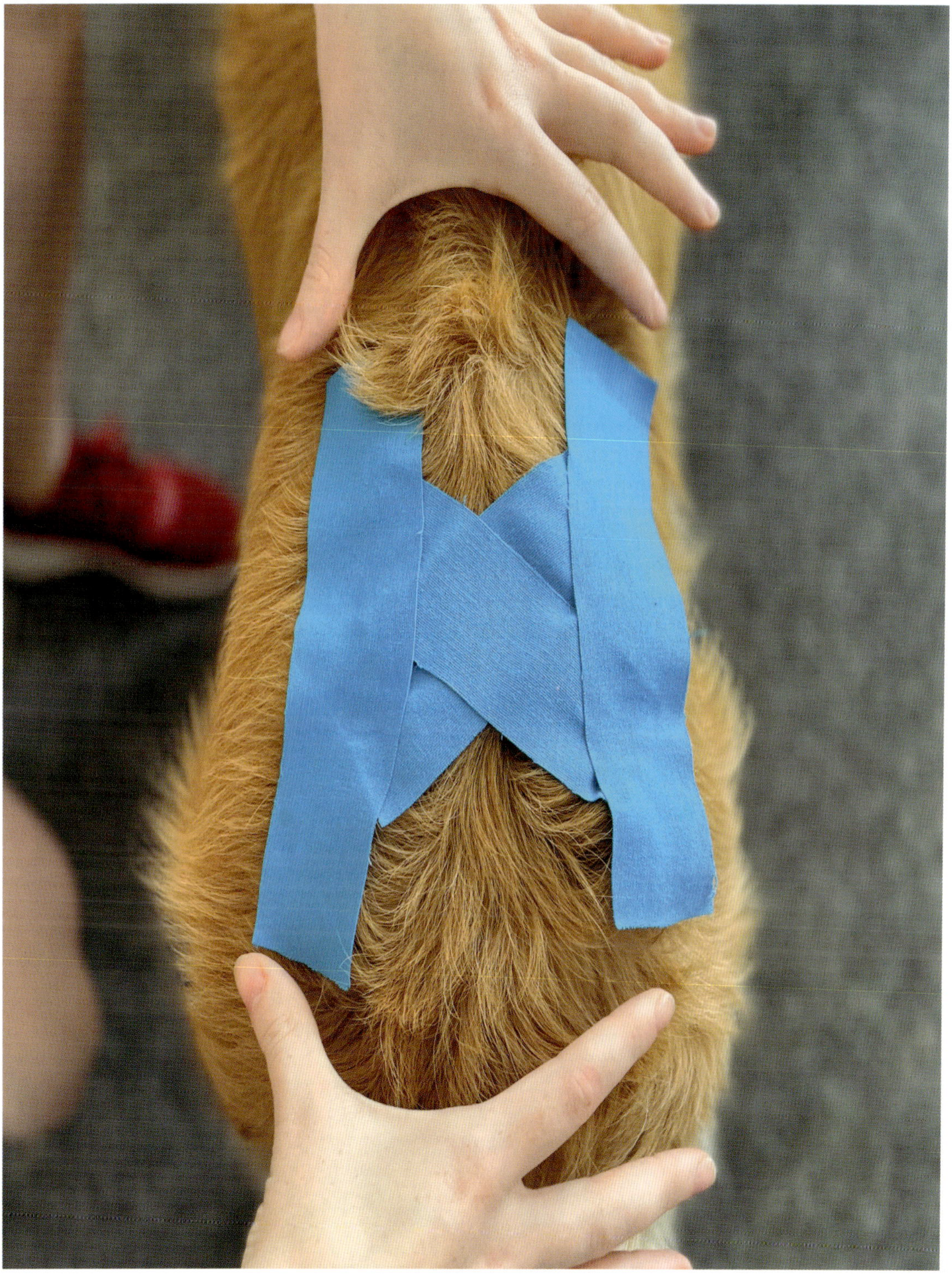

11. Taping: Stabilisierung spezieller Wirbelbereich

Manchmal ist nicht die ganze Wirbelsäule betroffen, nur ein bestimmter Wirbelbereich ist instabil oder blockiert. Dann tapt man nur diesen Bereich anstatt der ganzen Wirbelsäule. Besonders häufig ist hier die Lendenwirbelsäule betroffen.

So geht`s:

Die Tapes werden immer mittig zuerst aufgeklebt und dann außen. Auch hier werden zwei Tapes ein X bilden, deren Zentrum in einem 45° Winkel über dem betroffenen Wirbel angebracht wird. Dabei sollte ein Zug von etwa 30 % ausgeübt werden. Zwei weitere Tapes werden auf die Gelenkspalten vor und hinter dem X geklebt. Jetzt sieht es aus wie das Tape für das ISG, nur einmal gedreht. Sie dienen der Verankerung und Verstärkung.

So wirkt`s:

Das Tape dient der Stabilisierung der Lendenwirbel und deren Gelenke. Spannung hält das Gelenk zusammen und fördert über Rezeptoren auch die Oberflächliche- und Tiefensensibilität.

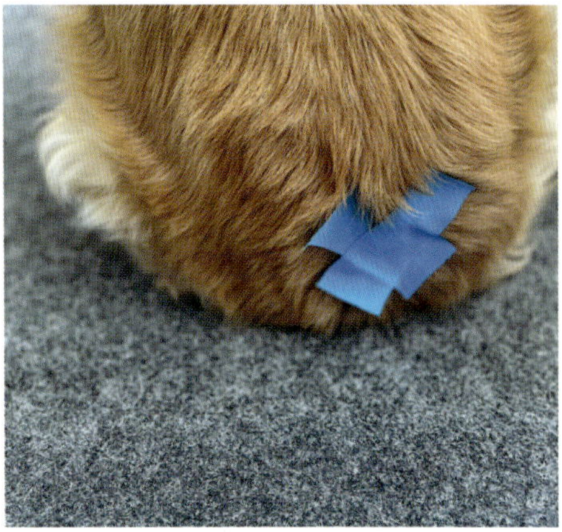

Man gibt dem Wirbel Halt und Stabilität im Gelenkspalt.

Wann Ihr Hund es braucht:

Das Tape wird für alle Schwächen im Bereich der Lendenwirbelsäule und Instabilitäten verwendet. Das sind chronische Gelenkerkrankungen und vor allem Blockaden. Vieles passiert in unbedachten Momenten im Spiel mit anderen Hunden oder Menschen. Ebenso kann es bei schwachem Bindegewebe eingesetzt werden. Es ist kein Problem, das Tape eine Woche zu tragen.

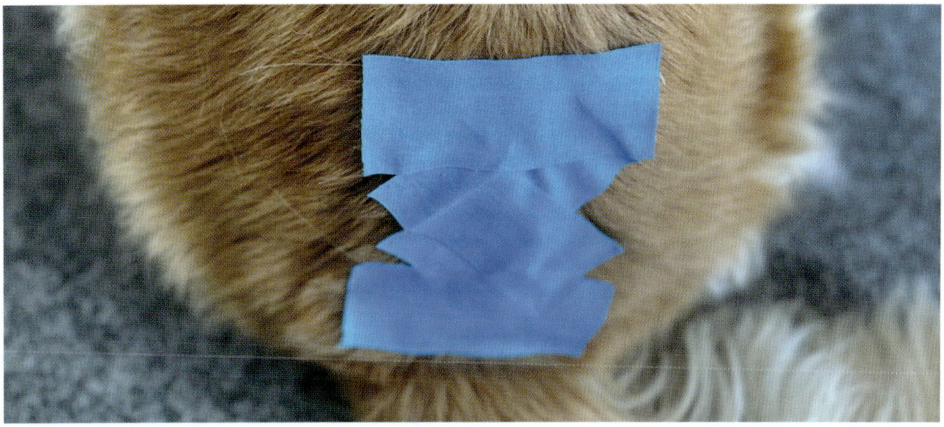

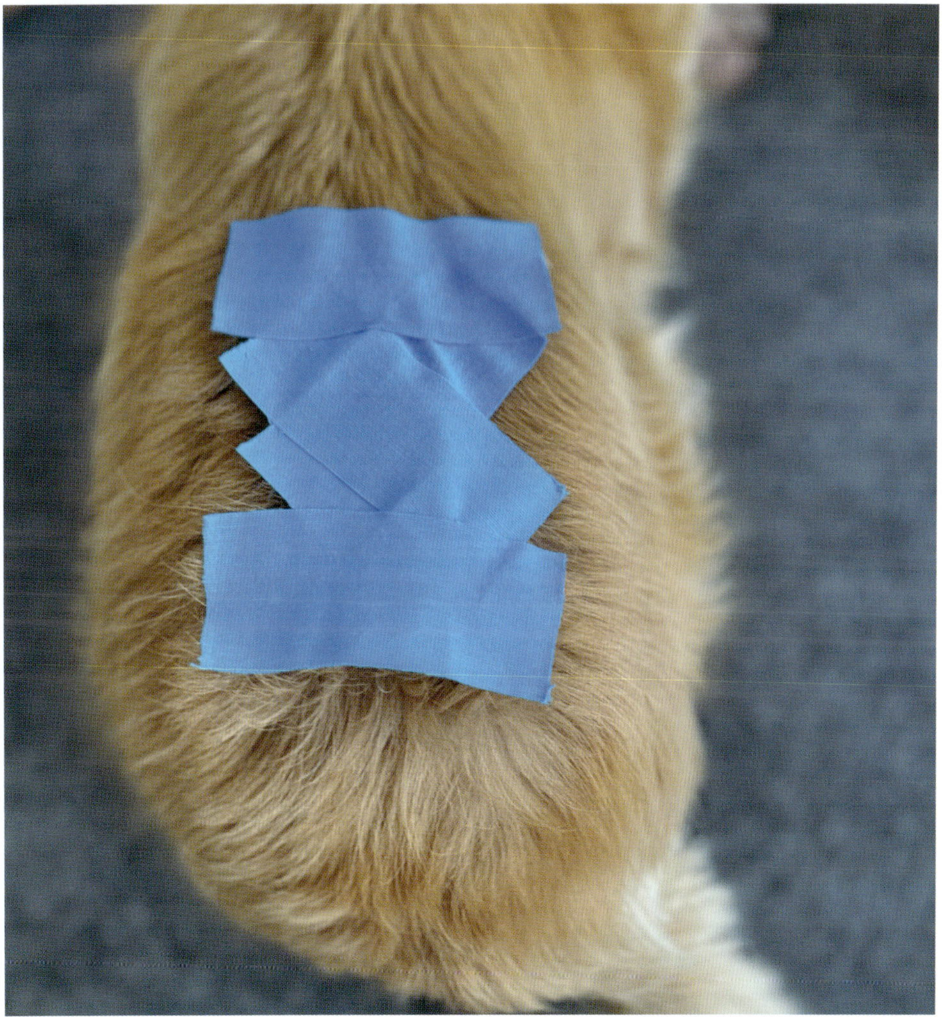

12. Taping: Stellungskorrektur Bein

Vor allem die kleinen Hunde leiden oft an Fehlbildungen der Gliedmaßen. Manche sind angeboren, während andere im Laufe des Lebens erworben werden. Je nach Schwere des Falls kann neben oder statt einer Operation Gangschulung und Tapes zur Korrektur verwenden.

So geht`s:

Man benötigt zwei Tapes in Länge der betroffenen Gliedmaße. Je nach Fehlbildung werden diese außen, also rechts und links, oder auf der Vor- und Rückseite des Beins angewendet. Achtung: Das eine Tape wird von Rumpf in Richtung Pfote aufgeklebt und das andere von der Pfote in Richtung Körper. Dabei muss man bedenken, dass der Zug umgekehrt zur Kleberichtung erfolgt. Die überdehnte Seite des Beins sollte den Zug in Richtung Körper haben und die verkürzte Seite in Richtung Pfote.

So wirkt`s:

Das Tape wirkt auf die Sehne und den Muskel, um durch Zug und Kontraktion die Stellung zu korrigieren. Das eine Tape, welches an der überstreckten Seite angebracht wird, hilft der Sehne bei der Kontraktion, dem Zusammenziehen. Das führt zu einem Zug an der Extremität in die normale Stellung. Das Bein wird also wieder in Richtung seiner physiologisch richtigen Position gezogen. Und das andere? Es wird an der verkürzten Seite angebracht, um der Sehne bei der Dehnung zu helfen. Dadurch entsteht der Spielraum für das Bein, sich wieder gerade zu biegen. Die Wirkungsrichtung verläuft entgegengesetzt der Kleberichtung.

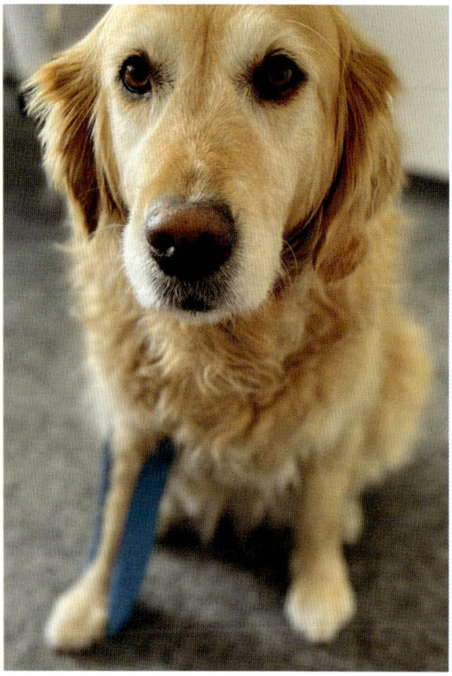

Wann Ihr Hund es braucht:

Das Tape wird zur Korrektur von Fehlstellungen der Beine genutzt. Dazu gehören verdrehte Pfoten oder Wachstums-fehler. Vor allem kleine Hunde haben oft verdrehte Unterarmknochen und dadurch eine Missbildung. Unbehandelt wird die fehlerhafte Belastung der Gelenke zu schnellem Verschleiß und Schmerzen führen. Der gesamte Bewegungsapparat wird davon beeinflusst und der Druck auf die intakten Gelenke steigt. Schonhaltungen, die daraus resultieren, schaden dem Körper weiter. Daher ist es wichtig, früh eine Gangschulung oder Operation in Betracht zu ziehen. Dieses Tape wird alle paar Tage erneuert, bis die Fehlstellung behoben ist.

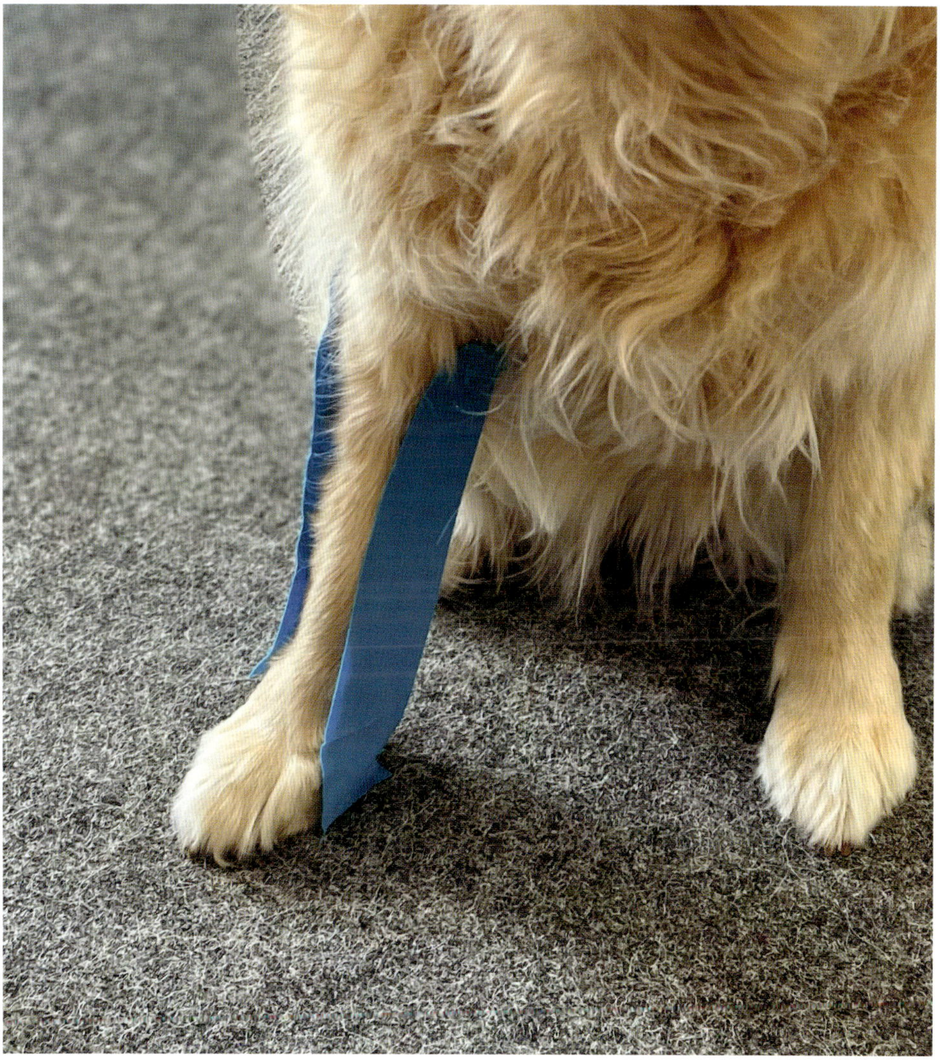

8 kurze Fragen – 8 klare Antworten!

1. Warum wirkt Taping?

Das Tape bewirkt in Verbindung mit dem Bindegewebe und der Muskulatur eine Art Dauermassage. Es erhöht die Durchblutung des Gewebes und stößt so den Heilungsprozess an.

2. Kann ich mit dem Tapen etwas falsch machen?

Nein, eigentlich nicht. Wenn man das Tape falsch anlegt, erzielt man nicht die gewünschte Heilwirkung.

3. Darf mein Hund mit dem Tape ins Wasser?

Ja, das darf er. Aber es kann sein, dass sich das Tape dann schneller löst.

4. Und was mache ich, wenn mein Hund lange Haare hat?

Die Haare kürzen. Das Tape sollte möglichst hautnah sein, um eine optimale Wirkung zu erzielen. Erst ab einer Haarlänge wie dem eines afghanischen Windhundes wird es wirklich problematisch. Tapet man den Rücken, ist die Länge egal.

5. Er hat atopische Dermatitis

Dann Finger weg. Das Tape sollte nicht auf offenen Wunden angewandt werden oder auf geschädigter Haut.

6. Wie entferne ich es?

Gar nicht. Am besten lässt man es drauf, bis es von selbst abgeht. Sollte es dennoch notwendig sein, immer mit der Haarwuchsrichtung.

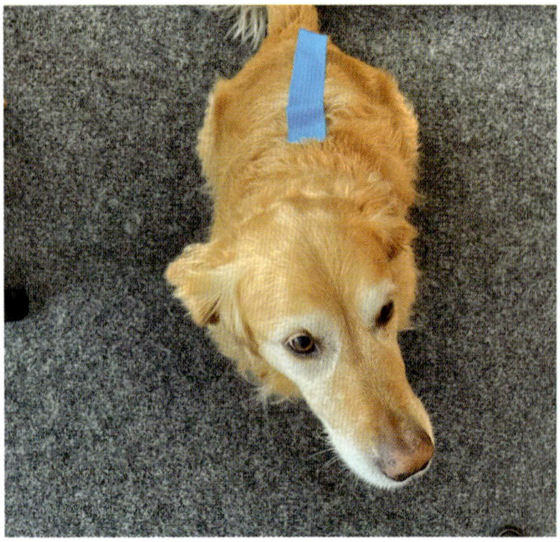

7. Wie lange kann es getragen werden?

So lange, wie es haftet. Im Idealfall kann es sogar zwei Wochen halten, in der Regel hält es aber nur 5-6 Tage.

8. Muss ich meinen Hund schonen?

Das Tape behindert die Bewegungsabläufe nicht. Es ist keine Einschränkung. Das zugrundeliegende Problem eventuell schon.

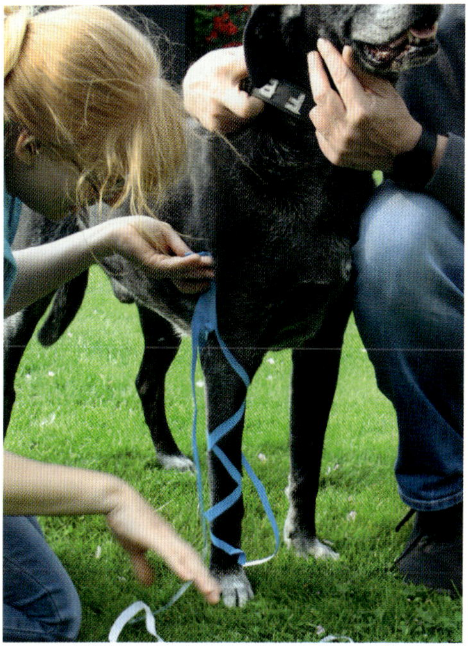

INFO

Dann sollte man das Tape nicht verwenden:

Es gibt einige Fälle, in denen es nicht ratsam ist, ein Tape anzubringen. Auf offenen Wunden hat es nichts zu suchen. Aus dieser entweichen Blut und Wundflüssigkeit, welche auch abfließen müssen. Das Band wird auf Wunden auch nicht halten.
Da der Kreislauf und der Blutfluss angeregt werden, sollte man das Tape nicht benutzen, wenn der Vierbeiner Fieber hat. Die Energie des Körpers wird gebraucht, um das Fieber zu bekämpfen. Wenn das Fieber abgeklungen ist, kann man weiter therapieren. Genauso ist es mit lokalen Infektionen. Hat sich der Hund z.B. einen Dorn ins Bein getreten, sollte in diesem Bereich erstmal kein Tape verwendet werden. Ein sicheres Zeichen ist, wenn die Stelle erwärmt ist. Dann sollte sie nicht noch stärker durchblutet werden. Bei entzündungsbedingten Schwellungen sollte das Tape nicht angewendet werden.
Auch Trächtigkeit ist ein schwieriges Thema. Im Humanbereich werden Tapes oft bei schwangeren Frauen angewandt. Bei Tieren eher selten. Warum? Menschen können das Band jederzeit abnehmen, wenn es unangenehm ist. Hunde nicht. Am Rumpf angebrachte Tapes können zu Kontraktionen und zu frühzeitigen Wehen führen. Das Risiko, so einen Wurf zu verlieren, ist da. An den Beinen ist es wiederum kein Problem.
Ist bekannt, dass der Hund einen bösartigen Tumor hat, sollte man ebenfalls davon absehen, ein Tape zu verwenden. Die gesteigerte Durchblutung verteilt die Zellen im ganzen Körper, der Tumor streut.

Das Tape zum Buch

Erhältlich im Minervastore:
www.minervastore.de

Kinesiologisches Tape / Physio-Tape
Die meisten Physiotherapiepraxen wenden heutzutage Medical-Taping an.
Die Wirkung ist herausragend, die Handhabung einfach.
Ideal bei Erkrankungen des Bewegungsapparates. Richtig angewendet, kann jeder mit dem richtigen Taping zur Heilung beitragen.
Einfach selber zu Hause anwenden.

Farbe: blau
5 cm breit, Länge 5 m pro Rolle, zuschneidbar

Preis: 8,99 € je Rolle / Dreierpack 24,99 €

Erhältlich solange Vorrat reicht.

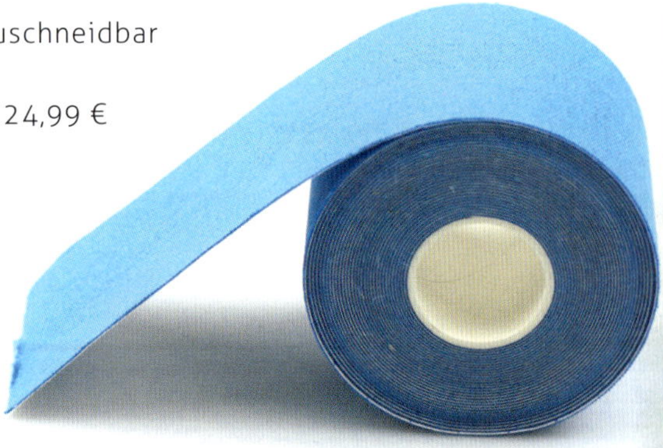

Eine Auswahl aus unserem Programm

Im Minerva Verlag sind außerdem erschienen:

Ratgeber Welpen

Mit diesem Buch werden Sie und Ihr Welpe zum Dream-Team!

Wer möchte ihn nicht, diesen angenehmen, freundlichen Hund, der auch ohne Leine stets in unserer Nähe bleibt, den Blickkontakt sucht, sich im Büro geduldig auf seine Decke legt oder entspannt im Restaurant unter dem Tisch ein Nickerchen macht? Wir wollen, dass Sie mit Ihrem Hund die beste Zeit Ihres Lebens haben. Glauben Sie uns, Welpen zu erziehen ist ganz leicht. Es gibt einige wenige Faktoren, die für das Gelingen sorgen. Einige sind allgemein bekannt, andere nicht. Und oft wird zu Dingen geraten, die die Beziehung schädigen und die man besser vermeidet.

Wir helfen Ihnen herauszufinden, welcher Hund zu Ihnen passt, was er lernen soll und wie Sie es ihm positiv vermitteln. Wie Sie ihn gesund ernähren, ihn richtig pflegen und in einem Notfall sein Leben retten können. Und wir erklären Ihnen, welche Eigenschaften jeder Hund an einem Menschen bewundert. Denn auch Sie müssen lernen, ein guter „Hundemensch" zu werden. Das wird leider oft vergessen.

Softcover, 132 Seiten. Farbig mit Bildern.
ISBN 978-3-9815634-5-0
15,80 €

Im Schatten der Gefahr

Seine Hunde haben einen der gefährlichsten Jobs auf der Welt ...

Wie die Deutsche Schäferhündin Bags – sie spürt mit unglaublicher Präzision Bodenminen in Bosnien-Herzegowina auf. Während ein Mensch mit Sonde und Suchnadel gerade einmal 10 Quadratmeter täglich schafft, sucht Bags bis zu 1000 Quadratmeter am Tag ab. Ausgebildet wurden Bags und ihre tierischen Kollegen auf vier Pfoten im Trainingszentrum von Martin Weitkamp, Deutschlands einziger Ausbildungsstätte für Minensuchhunde. Von dort aus reisen sie in die Krisenregionen der Welt, wo sie von der US-Army, den British Forces und der UN eingesetzt werden. Martin Weitkamp nimmt uns mit, auf seine Reisen nach Angola, Sri Lanka, Namibia, Kenia, Kosovo.

„Vertrau deinem Hund", ist sein Leitsatz. „Er riecht besser, er hört besser – also vertrau ihm!" In diesem Buch erinnert er sich an seine ganz besonderen Hunde, die Einsätze und auch an die Hürden, die er mit ihnen bei der Ausbildung meistern musste. Humorvoll erklärt er nebenbei die Grundsätze für eine erfolgreiche Ausbildung. Egal ob Anfänger oder Profi, Chihuahua- oder Doggenhalter: hier ist für jeden ein AHA-Effekt dabei. Dieses Buch ist von einem erfahrenen Praktiker geschrieben, der seinen Beruf mit ganzem Herzen ausübt.

Ein MUSS für jeden, der sich auch nur ansatzweise mit Hundeausbildung beschäftigt.

Hardcover, 128 Seiten, s/w
ISBN: 978-3-9815634-2-9
16,90 €

B.A.R.F.-Bibel

:in medizinischer Ratgeber

;chluss mit den Halbwahrhei-en! Auf dem Markt sind viele 3ücher zum Thema BARFen er-ıältlich, die von begeisterten .aien geschrieben wurden.

)ies ist eines der ersten Bücher ıuf dem Markt, das das Thema 3ARFen ausschließlich auf der 3asis von gesicherten veteri-ıärmedizinischen Kenntnissen ·rklärt. So wird eine größtmög-iche Sicherheit geboten, den Hund optimal zu ernähren.

„B.A.R.F." steht für eine Ernäh-ungsweise, die zum Ziel hat, Hunde ausschließlich mit fri-;chen und rohen Lebensmitteln :u ernähren. Die Zahl der Hun-debesitzer, die diesem Konzept olgen, wächst rasant. Doch es st keineswegs einfach, den Hund bedarfsgerecht zu ernäh-en. Studien haben gezeigt, dass 75 % aller selbst zusam-nengestellten B.A.R.F.-Rationen ınausgewogen sind.

/eterinärmedizinerin Dr. med. /et. Katja Sauer gibt mit diesem 3uch nun endlich eine medizi-ıisch fundierte Anleitung zur Berechnung der Rationen. Ziel dieses Ratgebers ist es, Schluss mit gefährlichem Halbwissen zu machen und dafür wissenschaftlich gesi-cherte Informationen zu lie-fern. Hierbei gibt die Autorin auch konkrete Fütterungsplä-ne zum BARFen von jungen Hunden, Senioren und chro-nisch kranken Hunden.

Mit vielen farbigen Abbildun-gen, Tabellen, Ernährungsplä-nen und Literaturtipps.
2. aktualisierte und erweitere Auflage.
Softcover, 92 Seiten,
Gewicht: 285 Gramm
ISBN: 978-3-9815634-1-2
Autorin: Dr. med. vet. Katja Sauer
14,80 €

"Das düstere Geheimnis auf Dark Island Castle"

Ein Krimi-Dinner-Spiel

Wer hat den britischen Hundezuchtrichter Dr. Featherstone auf dem Gewissen?

Nehmen Sie Platz!
Die erfolgreichsten Hunde-züchter Englands logieren am Vorabend der weltgrößten Hundeausstellung „Dogs World" im erhabenen briti-schen Schlosshotel „Dark Is-land Castle" in Begleitung ihrer Champion-Hunde, die am nächsten Tag auf der "Dogs World" ausgestellt wer-den sollen. Ebenfalls anwe-send ist der weithin bekannte Hundezuchtrichter Dr. Frances Featherstone. Der Top-Juror der „Dogs World" verfügt über erheblichen Einfluss. Während eines scheußlichen Gewitters, das überraschend über das Schloss hereinbricht und die Moore überfluten lässt, geschieht Entsetzliches. Dr. Featherstone wird ersto-chen aufgefunden. Wer ist der Mörder?

Werden Sie Teil einer typisch britischen Dinner-Gesell-schaft und finden Sie heraus, wer unter Ihnen der Mörder ist. Spaß garantiert!

Ein spannendes und amüsan-tes Krimi-Dinnerspiel für 8 Personen ab 16 Jahren
Dauer: ca. 3 Stunden
24,90 €

Berner Sennenhunde

Verstehen | Erziehen | Führen

Fühlt sich ein Berner verstanden, ist der Rest der Erziehung sein Geschenk an uns. Ein Berner ist mehr als ein Hund. Er gehört zu den sogenannten Urhunden.
Was das genau heißt? Dieser flauschig-weiche Hund ist der geborene Lügen-Detektor. Ja, er kennt uns besser, als wir uns selbst! Zudem ist er kompromisslos ehrlich. Deshalb scheint seine Erziehung anders, als bei anderen Hunden. Sie können uns glauben, einen Berner zu erziehen ist ganz leicht. Aber warum gelingt es dem einen so spielend, und dem anderen so gar nicht? In diesem Buch kommen viele Experten zu Wort, die diese Geheimnisse lüften und Sie in die Berner-Welt einweihen.
Eins vorab: Mit normalen Trainingsmethoden werden Sie bei einem Berner nicht weit kommen. Dieser Hund hat Seele. Er möchte unbedingt verstanden werden und ja, er will auch verstehen! Dazu trägt er den Willen, den Mut, die Kraft und die Güte in sich, seinem Menschen ein echter Partner zu werden.
Wir zeigen Ihnen, wie Sie die Brücke zu seinem Herzen finden und aufbauen. Und dann? Folgt er Ihnen auch ohne Leine überall hin.
Unser Kraftpaket mag so robust erscheinen, aber auch er hat seine Empfindlichkeiten. Berners Schwäche? Die Achillesfersen. Erfahren Sie von einer Hundephysiotherapeutin, wo sie sitzen, wie Sie diese erkennen und warum ein Berner Kraftsport braucht. Damit Ihr flauschiger Riese bis ins hohe Alter stark, entspannt und beweglich bleibt, haben wir für Zuhause das exklusive Berner-Wohlfühl-Training.
Mit diesem Buch lernen Sie, Ihren Berner zu verstehen. Werden Sie gemeinsam immer sicherer. Denn je sicherer Sie sich fühlen, desto mehr entwickeln Sie sich zu dem, was sich jeder Berner wünscht: zu seinem sicheren Hafen!
Gemeinsam mit uns werden Sie ein eingespieltes Team!

Softcover, 132 Seiten. Farbig mit Bildern.
ISBN 978-3-9815634-7-4
15,80 €

Auch erhältlich:

- Bookazines zu verschiedenen Themen und Hunderassen.
- Verhaltenstherapie CDs u.v.m.

Erhältlich unter www.minervastore.de oder im Buchhandel.

Digitale Versionen nur exklusiv bei uns.

GEMEINSAM (ER)LEBEN.

Alles für Hunde- und Katzenfreunde.

News | Infos | Artikel | Tipps | Deals | Umfragen | Gewinnspiele u.v.m.

Good4Pets.de

Alles Gute fürs Haustier.

Die neue Online-Welt Web-Magazin | OnlinePortal | Service-Plattform

Minerva Verlag HundeWelt Cats DOG'S AVENUE HundeWelt SPORT BREEDERSPECIAL

www.good4pets.de Besuchen Sie uns.

Eine Auswahl aus unserem Programm

Magazine im Minerva Verlag

Wir möchten, dass jeder Mensch die bestmögliche Beziehung zu seinem Hund erreicht. Wir stehen an der Seite unserer LeserInnen, damit diese den Weg finden, der für sie und ihren Hund der Beste ist.

Seit über 100 Jahren begleitet die HundeWelt Hundehalter aller Erfahrungsstufen durch die aufregende - und anregende - Zeit mit Hund.

Das Magazin erscheint monatlich.

Infos + Abonnements: www.hunde-welt.de

Hundesport ist ein Weg mit ganz vielen und stets neuen Herausforderungen. Genau und gerade deshalb macht es Spaß, denn man muss ständig neue Lösungen und Wege finden. Die Zeiten des gebrüllten Kommandos und dann läuft es schon, sind lange vorbei. Besser man lernt von erfahrenen und bewährten Profis, die zeigen, wie man Herausforderungen meistert.

Alle 2 Monate neu.

Infos + Abonnements: www.hunde-welt.de

Viele Menschen glauben, dass eine Hundegeburt kein Problem ist. Deshalb reagieren sie kopflos und überfordert, wenn die Hündin in Not gerät und ihren Menschen am meisten braucht. Und das ist– je nach Rasse – bei jeder zweiten Geburt der Fall.

BreederSpecial - das Magazin für (Hobby-) Züchter hilft weiter.

Alle 2 Monate neu.

Infos + Abonnements: www.breederspecial.de

Auch erhältlich: **Dog´s Avenue** - das Premium-Magazin für die Frau mit Hund. Alle 2 Monate neu. Infos + Abonnements: www.dogs-avenue.com